燃煤电站烟气非常规污染物短流程
高效耦合治理协同碳减排技术装备
2022YFC3701500

火电厂非常规污染物

控制技术百问百答

华电电力科学研究院有限公司　编著

中国电力出版社
CHINA ELECTRIC POWER PRESS

内 容 提 要

随着我国全面推进燃煤电厂超低排放改造工作的全面推进，在烟尘、SO_2、NO_x 这些常规污染物治理方面取得了显著的成效，与此同时，SO_3、NH_3、Hg、CPM、$PM_{2.5}$ 等非常规污染物的控制日益引起关注。

针对当前燃煤电厂非常规污染物控制技术应用现状及从业人员技术能力提升的需求，华电电科院以实践为基础、以问题为导向，组织编写了《火电厂非常规污染物控制技术百问百答》。本书对非常规污染物的生成机理、排放水平、检测方法、控制技术等进行系统的分析，对从事火电厂环保相关工作人员普遍关注的问题进行了系统性分析和解答。

本书可为从事火电环保相关工作的工程技术人员、管理人员、运维人员等开展工作提供借鉴与参考。

图书在版编目（CIP）数据

火电厂非常规污染物控制技术百问百答 / 华电电力科学研究院有限公司编著. —北京：中国电力出版社，2024.8
  ISBN 978-7-5198-8897-8

Ⅰ.①火… Ⅱ.①华… Ⅲ.①火电厂–污染防治–问题解答 Ⅳ.①X773-44

中国国家版本馆 CIP 数据核字（2024）第 090876 号

出版发行：中国电力出版社
地   址：北京市东城区北京站西街 19 号（邮政编码 100005）
网   址：http://www.cepp.sgcc.com.cn
责任编辑：赵鸣志（010-63412385）
责任校对：黄 蓓 张晨荻
装帧设计：赵姗姗
责任印制：吴 迪

印   刷：三河市航远印刷有限公司
版   次：2024 年 8 月第一版
印   次：2024 年 8 月北京第一次印刷
开   本：880 毫米×1230 毫米 32 开本
印   张：4.875
字   数：136 千字
印   数：0001—1500 册
定   价：36.00 元

《火电厂非常规污染物控制技术百问百答》

编 写 委 员 会

主　　编　严新荣

编写人员　张　杨　　杨用龙　　杜　振　　江建平

　　　　　裴煜坤　　冯前伟　　徐克涛　　刘　博

　　　　　刘　强　　何永兵　　张志中　　柴　磊

　　　　　曹星辉　　李龙涛　　李　壮　　朱文韬

　　　　　李　晶　　晏　敏　　黄裕栋　　陆　超

　　　　　唐郭安　　邱　敏　　刘晓萌　　熊　冬

　　　　　姚　杰　　张　琳　　王明轩　　信晓颖

　　　　　刘天禹　　周　楠　　葛红伟　　裴哲文

前　言

我国以煤为主的资源禀赋，决定了煤电在相当长时期内仍将是保障国家能源安全稳定供应的"顶梁柱"和"压舱石"，煤电的清洁低碳发展也是构建新型电力系统的关键之一。燃煤电厂长期以来一直是我国环保工作的主力军，从早期的大规模除尘改造、"十一五"大规模脱硫改造、"十二五"大规模脱硝改造、"十三五"大规模烟气超低排放改造，到近年来国家发布的"水十条"、部分地方政府要求的"废水零排放"，再到煤场封闭、噪声控制、固废处理等多重政策性要求，各类环保技术层出不穷、逐步叠加，燃煤电厂环保工作涉及面越来越广、环保设施越来越多，对从事燃煤电厂环保工作的专业人员的技术水平与运维能力要求也越来越高。

随着我国燃煤电厂超低排放改造工作的全面推进，在烟尘、SO_2、NO_x 这些常规污染物治理方面取得了显著的成效，与此同时，$SO_3/NH_3/Hg/CPM/PM_{2.5}$ 等非常规污染物的控制日益引起关注。例如，非常规污染物中的 SO_3 和 NH_3 的迁移转化，可导致空气预热器、除尘器堵塞腐蚀等一系列煤电机组生产运行中的问题，造成严重的经济损失。同时，包含了 SO_3/NH_3 等无机成分和有机成分的 CPM 以及重金属 Hg 等污染物排放，也会造成严重的环境和健康危害。为此，近年来国家层面陆续出台政策文件鼓励和支持燃煤电厂开展非常规污染物控制工作，北京、上海、杭州等地区更是明确出台了限制非常规污染物的排放标准。但相较常规污染物而言，非常规污染物控制面临着种类多、浓度低、价态形态多变，基础数据缺乏、排放特征与影响特性不清等一系列科学问题，以及相应的检测设备适应性较差、成本较高，控制策略与技术路线不明确，高硫/高汞/W 炉等条件下非常规污染物控制难度大、能耗物耗水平高等技术难题。

华电电力科学研究院有限公司（以下简称"华电电科院"）是华电集团下属专门从事火力发电、水电及新能源发电、煤炭检验检测及清洁高效利用、质量标准咨询及检验检测、分布式能源等技术研究与技术服务的专业机构。华电电科院环保技术团队自 2009 年以来，在燃煤电厂非常规污染物控制技术研究以及相关技术服务方面开展了大量工作，积累了丰富的技术应用一手资料与实践经验，相关研究成果得到了广泛应用并取得了一系列荣誉与褒奖。针对当前燃煤电厂非常规污染物控制技术应用现状及从事相关专业工作人员的技术能力提升需求，华电电科院特成立编写委员会，以实践为基础、以问题为导向，组织编写了《火电厂非常规污染物控制技术百问百答》。本书通过对非常规污染物的生成机理、排放水平、检测方法、控制技术等进行系统的分析，对煤电行业环保从业人员普遍关注的问题进行了系统性分析和解答，同时对华电电科院环保技术团队近年来的研究成果进行了展示，希望对行业内相关工程技术人员、管理人员、运维人员及相关专业人员后续开展相关工作提供借鉴与参考。

需要特别指出的是，在本书编写过程中，得到了有关领导及专家的支持与指导，在此一并致谢。限于作者水平和编写时间，书中存在疏漏或不当之处在所难免，欢迎各位同行及专家不吝赐教，进一步探讨。

严新荣

2024 年 4 月

目　录

第五章　细颗粒物（PM$_{2.5}$） ······ 111

第一章

三 氧 化 硫（SO₃）

1. 燃煤电厂烟气中 SO₃ 的危害有哪些？

答：在燃煤电厂常规烟气污染物（NO_x、SO_2 和烟尘）得到有效控制的同时，以 SO_3 为代表的非常规污染物指标正引起人们越来越多的关注。SO_3 作为一种毒性强、危害性较高的污染物，其危害主要体现在对生态环境、人体健康的损害和对发电企业生产运营的影响。

（1）对生态环境的影响。主要体现在蓝烟现象以及环境污染。一方面，烟囱出口出现蓝色可见烟羽，主要诱因是烟气中含有硫酸酸雾气溶胶，其粒径非常小（亚微米级），与可见光波长范围接近，可对阳光产生强烈散射。一般情况下，当 SO_3 浓度在 5μg/g 以上时，就有可能形成蓝色的可见烟羽（见图 1－1）。另一方面，SO_3 气溶胶是酸雨的主要成分，具有比表面积大、活性强等特点，易附带重金属和病毒等有毒、有害物质。含有 SO_3 的烟羽在一定环境条件下可在烟囱附近沉降，会对建筑物和植被造成破坏。此外，SO_3 排入大气后形成二次颗粒硫酸盐，是细颗粒物（$PM_{2.5}$）的重要前体物之一。相关研究表明，包含硫酸盐在内的二次气溶胶对我国大气环境 $PM_{2.5}$ 贡献率达 30%～77%。

（2）对人体健康的损害。SO_3 具有极强的亲水性，当 SO_3 进入人体后，极易与身体内部的水分结合生成 H_2SO_4 雾滴。H_2SO_4 具有强烈的腐蚀性和刺激性，凝结在呼吸道内会引发呼吸困难，造成呼吸道烧伤和溃烂，严重时会导致胃穿孔、腹膜炎等疾病。

图 1-1 燃煤 SO_3 排放导致的"蓝烟"现象

（3）对发电企业生产运营的影响。

1）烟气酸露点提高。烟气中 SO_3 和水蒸气浓度是影响烟气酸露点的关键因素。烟气酸露点随烟气中 SO_3 浓度的增加而升高，当采用选择性催化还原法（SCR）脱硝工艺时，烟气中 SO_3 浓度会成倍增加，进而导致烟气酸露点提高。随着酸露点的提高，为避免烟气中的酸性气体凝结在烟道壁面上造成严重的烟道腐蚀，锅炉的排烟温度也要进一步提高，这样会增加锅炉的排烟损失，从而降低了锅炉的热效率，最终影响机组运行的经济性。

2）对 SCR 催化剂的影响。SCR 运行温度低于最低操作温度时，则容易生成 NH_4HSO_4 附着在催化剂表面并堵塞催化剂的微孔，从而导致催化剂活性降低，影响脱硝效率。在 NH_4HSO_4 影响下，运行负荷较低时需考虑停止喷氨。而在全负荷脱硝要求下，为避免催化剂堵塞，必须限制机组的最低运行负荷，或采用技术手段进行宽负荷脱硝改造（如烟气旁路、省煤器分级设置、给水旁路等）以提高运行温度，但这会带来一系列新的问题，且与现行的机组灵活性深度调峰要求相背驰。

3）对空气预热器的影响。烟气流经空气预热器时，烟气温度迅速下降，当烟气中 SO_3 浓度含量较高时，容易造成 H_2SO_4 蒸气在换热元件上凝结，引起空气预热器的低温段腐蚀，缩短空气预热器的使用寿命。此外，经 SCR 装置后烟气中未反应的 NH_3 会与 SO_3 反应生成 NH_4HSO_4，该物质具有较强的黏附性，容易在空气预热器低温段换热元件表面沉积，从而导致设备堵塞、效率降低等问题。

4）对除尘器的影响。SO_3 气溶胶能否被粉尘吸附，主要取决于飞灰的酸碱性和烟气温度。当飞灰呈碱性，对 SO_3 的吸附可降低粉尘比电阻，进而提升电除尘器的除尘性能。但当飞灰呈中性、酸性或烟气温度较高时，飞灰无法有效吸附 SO_3，粉尘比电阻的降低幅度受限。SO_3 过量存在，容易形成 NH_4HSO_4，对于干式静电除尘器，会引起极板和极线的积灰、腐蚀，从而导致粉尘荷电和振打清灰效果变差，必要时需人工对极板和极线进行清灰或更换；对于低低温电除尘器，烟气中的 SO_3 过多，引起烟气酸露点提高，一方面，将影响余热利用装置的降温幅度；另一方面，SO_3 将与水蒸气在换热管表面冷凝形成 H_2SO_4 液滴，直接产生较严重的腐蚀隐患，生成的 NH_4HSO_4 也会在换热管表面沉积，从而引起堵塞和加重腐蚀等问题；对于袋式除尘器，会引起滤袋表面 NH_4HSO_4 的沉积，由于 NH_4HSO_4 具有较强的吸湿性和黏性，甚至会导致"糊袋"现象的发生，滤袋过滤微孔一旦堵塞，将造成清灰困难，袋式除尘器系统阻力增加，引风机出力和能耗增大，长期运行会增加破袋风险。总之，SO_3 过量存在，不论对于电除尘器还是袋式除尘器，均会在一定程度上导致运行维护成本的增加，且影响除尘器安全稳定运行。

2. 燃煤电厂烟气 SO_3 排放控制现状以及排放要求如何？

答：（1）国外燃煤电厂烟气 SO_3 排放控制现状以及排放要

求。近年来，燃煤电厂烟气 SO_3 排放已成为国际能源环境领域关注的重点问题之一。为解决 SO_3 污染问题，部分发达国家已将 SO_3 作为排放指标纳入了排放控制。如美国环境保护署将 SO_3 列为第 3 类有害空气污染物（hazardous air pollutants，HAPs）组分，对其排放总量进行了限制，且已经有 22 个州专门针对燃煤电厂烟气 SO_3 提出了排放限值要求，其中有 9 个州的排放限值低于 $5mg/m^3$（标态、干基、$6\%O_2$），12 个州介于 $5\sim20mg/m^3$（标态、干基、$6\%O_2$）之间，佛罗里达州排放限值更是达到 $0.6mg/m^3$（标态、干基、$6\%O_2$）。除此之外，美国环境保护署还通过出台对火电厂排放烟气浊度的限值间接要求对硫酸气溶胶排放进行控制。德国则是将 SO_3 与 SO_2 合并进行排放控制，规定现役 300MW 以上燃煤机组 SO_x（SO_2+SO_3）排放限值为 $200mg/m^3$（标态、干基、$6\%O_2$），2014 年 1 月以后投运的 300MW 以上燃煤机组排放限值为 $150mg/m^3$（标态、干基、$6\%O_2$）。日本是将 SO_3、H_2SO_4 纳入颗粒物限值进行控制，如东京规定硫酸雾排放浓度为 $1mg/m^3$（标态、干基、$6\%O_2$）。新加坡规定固定源 SO_3 排放限值为 $10mg/m^3$（标态、干基、$6\%O_2$）。

（2）国内燃煤电厂烟气 SO_3 排放控制现状以及排放要求。近年来，我国日益关注燃煤电厂 SO_3 排放控制问题，国家层面陆续出台政策文件，明确了协同控制 SO_3 的要求；部分地区或行业已将 SO_3 排放浓度作为控制指标纳入环境监管体系中（见表 1-1）。

表 1-1　　　　国内 SO_3 排放控制相关政策

序号	文件名称	文件号/标准号	发布单位	发布时间	相关要求
1	《煤电节能减排升级与改造行动计划（2014—2020 年）》	发改能源〔2014〕2093 号	国家发展改革委、环境保护部、国家能源局	2014 年	支持同步开展大气污染物联合协同脱除，减少三氧化硫、汞、砷等污染物排放

续表

序号	文件名称	文件号/标准号	发布单位	发布时间	相关要求
2	《大气污染物综合排放标准》	DB31/933—2015	上海市环境保护局	2015年	自2017年1月1日起，固定污染源（包括锅炉）的硫酸雾排放限值为5mg/m³
3	《火电厂污染防治技术政策》	环境保护部公告（2017年第1号）	环境保护部	2017年	火电厂应加强脱硝设施运行管理，并注重低温除尘器、电袋复合除尘器及湿法脱硫等措施对SO₃的协同脱除作用，并鼓励烟气中SO₃、氨及可凝结颗粒物等的检测与控制技术的研发和推广
4	《大气污染物综合排放标准》	DB11/501—2017	北京市质量技术监督局	2017年	自2017年3月1日起，固定源（不包括锅炉）的硫酸雾排放限值为5mg/m³
5	《锅炉大气污染物排放标准》	DB3301/T0250—2018	杭州市质量技术监督局	2018年	自2022年7月1日起，现有燃煤热电锅炉执行三氧化硫5mg/m³排放限值
6	《京津冀及周边2019～2020年秋冬季大气污染综合治理攻坚行动方案》	环大气〔2019〕88号	生态环境部等10部委和6省（直辖市）人民政府	2019年	协同控制SO₃等排放
7	《固定污染源大气污染物综合排放标准》	DB3301/T0337—2021	杭州市市场监督管理局	2021年	自2021年7月30日起，固定污染源的硫酸雾最高允许排放浓度为3mg/m³

3. 燃煤电厂烟气中 SO₃ 检测标准及方法有哪些？

答：（1）检测标准。目前，国内关于SO₃检测标准见表1-2，其中GB 4920—1985、GB/T 13580.5—1992主要是对硫酸根的测定进行了规定，且上述标准的编制时间已久。目前，燃煤电厂SO₃检测参照标准为DL/T 998—2016、DL/T 1990—2019以及DL/T 2280—2021。

表1-2 国内现行 SO_3 检测标准

标准号	标准名称	发布时间
GB 4920—1985	硫酸浓缩尾气硫酸雾的测定 铬酸钡比色法	1985 年
GB 13580.5—1992	大气降水中氟、氯、亚硝酸盐、硝酸盐、硫酸盐的测定离子色谱法	1992 年
GB/T 16157—1996	固定污染源排气中颗粒物测定与气态污染物采样方法	1996 年
GB/T 6911—2017	工业循环冷却水和锅炉用水中硫酸盐的测定	2007 年
GB/T 21508—2008	燃煤烟气脱硫设备性能测试方法	2008 年
HJ 544—2016	固定污染源废气 硫酸雾的测定 离子色谱法	2016 年
DL/T 998—2016	石灰石－石膏湿法烟气脱硫装置性能验收试验规范	2016 年
DL/T 1990—2019	火电厂烟气中 SO_3 测试方法 控制冷凝法	2019 年
DL/T 2280—2021	燃煤电厂烟气中三氧化硫含量的测定 异丙醇溶液吸收 离子色谱法	2021 年

美国、日本、国际标准化组织（ISO）等均发布了关于 SO_3 的检测标准和方法（见表1-3），可提供相关检测参考，其中 ISO 787-13：2002 仅对硫酸根的测定进行了规定。

表1-3 国外固定源 SO_3 检测标准

标准号	标准名称
EPA-8	固定源硫酸雾和 SO_2 测定
EPA-8	硫酸盐回收炉硫酸蒸汽或雾和 SO_2 测定
ANSI/ASTM D 4856—2001	工作场所硫酸雾测定（离子色谱法）
JIS K0103—2005	烟气中总硫氧化物的分析方法
ISO 787-13：2019	颜料和填充剂的一般试验方法 第13部分：水溶性硫酸盐、氯化物和硝酸盐的测定

（2）检测方法。SO_3 化学性质较为活泼，易与其他物质发生反应，且在烟气中的含量相对较低，使得定量测定存在较大难度。

因此 SO₃ 检测的主要难点是采样过程。目前，SO₃ 的采样方法有控制冷凝法、异丙醇吸收法、盐吸收法、酸露点仪法等，其中控制冷凝法和异丙醇吸收法是目前国内外公认且广泛采用的检测方法，前者也是最为成熟、国内应用最多的。两种方法均为离线检测方法，采用等速采样，其检测原理及优缺点见表 1－4。

表 1－4　　　　　　　　SO₃采样测试方法对比

项目	控制冷凝法	异丙醇吸收法
采样时间	0.5～2h	0.5～2h
原理	采用等速采样将烟气抽取至螺旋盘管，控制盘管温度在酸露点及水露点温度之间，使得气态的 SO₃ 冷凝成硫酸雾滴，并凭借惯性撞击到盘管表面被收集下来，之后通过去离子水或异丙醇等对盘管进行清洗、定容，采用钡盐滴定、离子色谱或分光光度法对硫酸根离子浓度进行测定，并结合采样气体积换算烟气中气态 SO₃ 浓度	等速采集一定体积的烟气，通过 80% 的异丙醇溶液对烟气中的 SO₃ 进行选择性吸收，同时抑制 SO₂ 向 SO₃ 的转化。硫酸根的测定可采用钡盐滴定、离子色谱或分光光度法，结合采样气体积换算烟气中气态 SO₃ 浓度
优缺点	准确度、可靠性高、适应性强、检出限低，可避免 SO₂ 和粉尘的影响以及 SO₂ 氧化，但对测试人员操作要求较高，且现有冷凝盘管很难保证 SO₃ 的完全捕集	测试浓度范围大，检出限低，重复性好，可避免 SO₂ 氧化，但对测试人员的操作要求较高
相关标准	国内：GB/T 21508—2008、DL/T 998—2016、DL/T 1990—2019 国外：ANSIASTM D 4856—2001、JIS K0103—2005	国内：DL/T 2280—2021 国外：EPA－8

如表 1－4 所述，现有的 SO₃ 测量法多为离线测量法，无法实现在线精准监测的功能。究其原因在于 SO₃ 在中红外波段、紫外波段的光谱与 SO₂ 和 H₂O 的光谱重叠严重，但烟气中的 SO₃ 浓度较 SO₂ 和 H₂O 浓度低很多，限制了光学方法对烟气中 SO₃ 的直接测量，且 SO₃ 与 H₂O 冷凝生成 H₂SO₄ 也会对 SO₃ 测量的准确度造成影响。德国 Pentol 公司基于异丙醇吸收法开发了一套可在线检

测使用的 SO_3 分析仪，其原理是使用加热采样头从烟气中抽取气体，通过异丙醇溶液吸收，吸收后的异丙醇溶液持续通过含有氯冉酸钡的反应床，生成氯冉酸根离子（$HC_6O_4Cl_2^-$）。氯冉酸根离子在 535nm 处有明显特征吸收峰，据此利用分光光度计可测定溶液中的氯冉酸根离子含量，随后换算得到烟气中 SO_3 浓度。国内一些在线检测方法的探究也基于此原理，但是该技术在不同环境和操作条件下运行的准确度还有待进一步研究。因此，实现对燃煤烟气中 SO_3 浓度的准确实时测量，是本领域亟待解决的关键技术难题。

4. 燃煤电厂炉内 SO_3 是如何生成的？

燃煤中的硫主要以无机硫、有机硫和元素硫 3 种形式存在。无机硫一般主要有硫化亚铁（FeS）和硫酸盐（$CaSO_4$、$MgSO_4$ 和 $FeSO_4$ 等）两种形式。在煤燃烧过程中，FeS 可发生氧化反应，释放出 SO_2 气体；硫酸盐中的硫比较稳定，一般不能再被氧化。有机硫是指与 C、H、O 等元素结合在一起所形成的 $CxHySz$ 有机物，可分为脂肪族硫和芳香族硫，其中芳香族硫较脂肪族硫具有更高的热稳定性。

在硫的三种存在形式中，有机硫、元素硫和无机硫中的硫化亚铁统称为可燃硫，且一般认为有机硫和元素硫会进入挥发分，而硫化亚铁则留在半焦中燃烧。煤在炉膛燃烧过程中，大部分有机硫和元素硫会被释放出来，松散结合的有机硫（如硫醇、硫化物）在低温条件下（430℃）分解析出，而紧密结合的有机硫则在高温条件（530℃）下分解析出，这部分进入挥发分的有机硫和元素硫在氧化性气氛中被氧化为 SO_2。留在焦炭中的硫化亚铁被氧化，释放出 SO_2。残留在焦炭中的无机硫与灰分中的碱金属氧化物反应生成硫酸盐，并在灰中固定下来。

烟气中 SO_3 是炉内均相气相反应和非均相气相反应共同作用

的结果，主要源自燃煤中的硫分。对于炉内均相气相反应，SO_3生成除与燃煤硫分直接相关外，还受燃烧温度、O_2浓度等的影响，在合理控制锅炉燃烧效率的前提下，降低燃烧温度与保持过量空气系数有利于抑制 SO_3 的生成。除炉内均相气相反应外，SO_3 在炉膛和省煤器等受热面表面还会以非均相反应生成，该氧化过程主要是通过飞灰与管壁的金属氧化物催化实现的，起催化作用的物质包括烟气中悬浮的飞灰、沉积在管壁上的飞灰，以及管壁的金属氧化物。

气相条件下、无催化剂时，在一定的温度条件下，SO_2 能与游离的 O 自由基发生反应，生成 SO_3；当温度较高时，在 O_2 的参与下，SO_2 与游离的羟自由基（OH）发生一系列反应生成 SO_3。当炉膛中的 SO_2 与飞灰接触时，飞灰中金属氧化物（如 Fe_2O_3、Al_2O_3 等）对 SO_2 有良好的催化性能，$\alpha-Fe_2O_3$ 中的晶格氧能与 SO_2 结合生成 SO_3^-，因此产生的 O 空位能吸附 O_2 形成 O^-，SO_3^- 与 O^- 反应生成 SO_3 与晶格氧 O_2^-，达到催化的效果，大大提高 SO_3 转化率。

相关研究结果表明，燃烧过程中几乎所有的可燃硫被氧化成为气态 SO_2，其中有 $0.5\% \sim 2.0\%$ 的 SO_2 会进一步被氧化成 SO_3；对于硫分更低的煤种，其转化率更高。而根据华电电科院开展的 120 台超低排放机组性能试验结果显示，炉内 SO_2 氧化率最大值为 1.16%，最小值为 0.40%，平均值为 0.82%，且当烟气中 SO_2 浓度增加时，相应的 SO_3 浓度也会升高，但炉内 SO_2 氧化率呈现降低趋势。

5. 炉内燃烧过程中影响 SO_3 生成的因素有哪些？

答：煤在燃烧过程中，所含的可燃硫会被氧化成 SO_2，其中一部分 SO_2 还会进一步被氧化成 SO_3，化学反应式为

$$SO_2 + 1/2O_2 \longrightarrow SO_3 \qquad (1-1)$$

式（1-1）包含四个最主要的反应，即

$$SO_2 + O(+M) \longrightarrow SO_3(+M) \qquad (1-2)$$

$$SO_3 + H \longrightarrow SO_2 + OH \qquad (1-3)$$

$$SO_2 + OH(+M) \longrightarrow HOSO_2(+M) \qquad (1-4)$$

$$HOSO_2 + O_2 \longrightarrow SO_3 + HO_2 \qquad (1-5)$$

影响上述反应的最主要因素为炉内温度和自由基氧原子浓度。当烟温在 $1100 \sim 1400℃$ 时，式（1-2）所示反应是 SO_2 转变成 SO_3 的主要途径，即 SO_2 分子遇到游离的氧反应生成 SO_3，SO_2 与自由基氧原子（O）以及 M 碰撞形成 SO_3，M 为任意分子（如 N_2、CO_2、H_2O、O_2 等）。而当烟温在 $400 \sim 1100℃$ 时，影响 SO_3 生成的主要为式（1-3）～式（1-5）所示的反应。燃烧温度越高，则自由基氧原子越多，平衡向生成 SO_3 方向移动，SO_3 的浓度也会升高。过量空气系数越大，即氧气浓度越大，自由基氧原子浓度越大，则炉内 SO_2 氧化率越高。但在实际炉内燃烧条件下，由于游离的氧原子浓度很小，且停留时间不足，所以一般 SO_2 氧化成 SO_3 的比例为 $0.5\% \sim 2.0\%$。

炉内生成 SO_3 的量还取决于燃煤硫分、锅炉类型、燃烧工况等条件，燃用高硫煤可使 SO_3 达到 $100 \sim 150mg/m^3$，甚至更高。相关研究结果表明，锅炉出口的 SO_3 浓度随 SO_2 浓度升高而升高，但炉内 SO_2 氧化率随 SO_2 浓度升高而降低；当在烟气中引入 NO、CO、CH_4 等活性气体时，将促进 SO_3 生成；炉内的 NO_x 和 SO_x 生成也存在直接或间接相互作用，NO_x 的存在对于 SO_3 的生成起到促进作用。

飞灰对 SO_3 的炉内生成也会产生一定的影响，表现在两个方面：一方面，飞灰的疏松结构导致其比表面积较大，增加 SO_2 和 O_2 在其表面的吸附率，利于促进氧化反应的进行；另一方面，飞

灰中所含的 Fe_2O_3 等活性金属氧化物也会增强 SO_2 在飞灰表面的催化氧化。相关研究结果表明，飞灰在 700℃时对 SO_2 的催化氧化作用最强，SO_2 氧化率将达到 1.78%。

6. 炉内碱基吸收剂喷射脱除烟气 SO₃ 工艺及其优缺点是什么？

答： 炉内碱基吸收剂喷射技术是指往炉内喷入钙基或镁基吸收剂，脱除炉内生成的 SO_3 的工艺技术。相关研究结果表明，在炉膛中喷入碱基吸收剂，通过吸收剂与 SO_3 发生反应，可使炉内 SO_3 转化率降低 40%～80%。

比较常用的碱基吸收剂为 $Mg(OH)_2$ 和 MgO，$Mg(OH)_2$ 浆液喷入炉膛上部后，分解为 MgO 颗粒，MgO 固体与气相 SO_3 发生反应可生成 $MgSO_4$。此外，$CaCO_3$ 是炉内半干法脱除 SO_2 的主要吸收剂，虽然其炉内脱除 SO_3 的效果有限，但在有效脱除 SO_2 后，能够有效控制后续 SCR 脱硝过程中将 SO_2 氧化生成 SO_3，实现控制 SO_3 的效果。相关研究表明，高 CO_2 浓度对 CaO 烧结具有抑制作用，能够显著提高钙基固硫效率。因此，富氧燃烧方式下钙基吸收剂的 SO_3 脱除效率高于常规燃烧方式。

炉内碱基吸收剂喷射脱除 SO_3 效率与吸收剂的化学性质及表面物理特征有关，也受喷射位置以及炉内燃烧状况等因素的影响。随着温度的升高、吸收剂与 SO_3 摩尔比的增加以及接触时间的延长，吸收剂对 SO_3 的吸附量相应增加。

该技术的优点是可在 SCR 脱硝之前去除 SO_3，使 SCR 脱硝在低 SO_3 浓度下运行，减少 SO_3 与 NH_3 的反应，从而在一定程度上避免 NH_4HSO_4 在催化剂微孔内的沉积，有效降低脱硝催化剂最低连续运行烟温，改善脱硝低负荷投运问题。缺点是容易造成炉内受热面积灰、结渣，无法去除 SCR 脱硝过程中产生的 SO_3，造成 SCR 脱硝催化剂中毒，以及影响飞灰比电阻进而降低静电除尘器（ESP）除尘效率。

7. 在 SCR 脱硝过程中，SO_3 是如何转化和生成的？

SCR 脱硝技术因其脱硝效率高、运行成本较低及受燃料类型局限性小而广泛应用于国内外的烟气脱硝工程中。SCR 脱硝技术的核心是催化剂，目前市面上普遍采用 V_2O_5/TiO_2 基催化剂，而 V_2O_5 对 SO_2 的氧化具有催化作用，其在催化脱除烟气中 NO_x 的同时，会不可避免地将部分 SO_2 氧化为 SO_3，使烟气中 SO_3 浓度升高。一般 SCR 脱硝系统中 SO_2/SO_3 的转化率为 0.5%～1.5%。为减少 SCR 脱硝过程中 SO_3 的生成量，HJ 562—2010《火电厂烟气脱硝工程技术规范　选择性催化还原法》规定脱硝装置 SO_2/SO_3 转化率应不大于 1%。研究表明，SO_2 在 SCR 脱硝催化剂表面活性位氧化为 SO_3 机理主要分为式（1－6）～式（1－10）所示的几个步骤。

$$SO_2 + (V^{+5}) \longleftrightarrow (V^{+5}) \cdot SO_2 - ads \text{ 或 } (V^{+3}) \cdot SO_3 - ads$$
$$(1-6)$$
$$(V^{+5}) \cdot SO_2 - ads \text{ 或 } (V^{+4}) \cdot SO_3 - ads \longrightarrow SO_3 + (V^{+3})$$
$$(1-7)$$
$$SO_3 + (V^{+5}) \longleftrightarrow (V^{+5}) \cdot SO_3 - ads \qquad (1-8)$$
$$O_2 \longleftrightarrow 2O - ads \qquad (1-9)$$
$$O - ads + (V^{+3}) \longleftrightarrow (V^{+5}) \qquad (1-10)$$

一般认为催化剂的 SO_2/SO_3 转化率取决于催化剂的类型、配方和运行工况等因素。在催化剂类型方面，平板式催化剂使用不锈钢网作为支撑，可以减少催化剂活性成分的使用，在降低 SO_2/SO_3 转化率方面较蜂窝式催化剂具有一定优势。在催化剂配方方面，研究表明随着催化剂中 V_2O_5 含量的增加，SO_2/SO_3 转化率增大，可通过添加助剂（如 MoO_3）抑制 SO_2 的氧化。在运行工况方面，研究表明在燃煤烟气条件下 O_2 含量对 SO_2/SO_3 转化率无明显影响，H_2O 的存在会抑制 SO_2 氧化，SO_2 浓度增加，SO_2/SO_3 转化率降低，但随着烟气温度的升高，催化剂的 SO_2/SO_3 转化率将呈指数增大。此外需要注意的是，在脱硝过程中由于 NH_3 与 SO_2 会出现竞争吸附作用，因此 NH_3 的存在将抑制 SO_2 的氧化。

8. 燃煤电厂 SCR 脱硝装置 SO_2/SO_3 转化率如何？

华电电科院开展的 SCR 脱硝装置性能试验结果显示，由于 SCR 脱硝催化剂的催化氧化作用，SCR 出口 SO_3 浓度较入口有明显上升，对于燃用低硫煤机组，大部分机组 SCR 出口 SO_3 浓度在 $10\sim70mg/m^3$。超低排放改造前，脱硝装置基本为初装 2 层催化剂，统计的 103 台机组脱硝装置 SO_2/SO_3 转化率平均值为 0.67%。在超低排放改造后，普遍增加了一层催化剂，且增加层催化剂量一般大于原安装单层催化剂量，统计的 120 台机组脱硝装置 SO_2/SO_3 转化率提高至 0.87%。但 SO_2/SO_3 转化率较超低排放改造前仅增加约 0.20%。究其原因，一方面，可能在于大部分超低排放改造仍按照行业规范要求整体转化率小于 1%，催化剂生产厂家为确保满足性能保证要求，在催化剂产品配方设计与生产中，对转化率进行了更加严格的控制；另一方面，由于在脱硝过程中 NH_3 的存在抑制 SO_2 的氧化，虽然超低排放的高脱硝效率要求增加催化剂用量，随之提升催化剂的 SO_2/SO_3 转化率，但高脱硝效率所要求的喷氨量增大在一定程度上也会抑制 SO_2 向 SO_3 转化，这也能在一定程度上解释上述 SO_2/SO_3 转化率的变化。

9. SCR 脱硝装置中影响 SO_2/SO_3 转化率的因素有哪些？

答：（1）V_2O_5 含量的影响。钒钛催化剂的主要活性物质 V_2O_5 对烟气中 SO_2 的氧化具有显著的催化作用。当 V_2O_5 含量较低时，在催化剂表面呈无定形态分布；而当含量过高时，则有可能出现聚合态 V 物种甚至是晶体，能显著提高催化剂的氧化性能，造成 SO_2/SO_3 转化率大幅提升。根据华电电科院催化剂性能测试结果，针对蜂窝式催化剂，当 V_2O_5 含量在 0.30%～2.14%内变化时，催化剂 SO_2/SO_3 转化率在 0.56%～0.97%内波动；针对平板式催化剂，当 V_2O_5 含量在 1.19%～4.33%内变化时，催化剂 SO_2/SO_3 转化率在 0.55%～1.13%内波动。从总体趋势上来看，随着催化剂中 V_2O_5 含量的增大，SO_2/SO_3 转化率也随之升高。此外，V_2O_5 本身就是工业制备硫酸所用催化剂的主要活性物质，因此在催化剂生产时应严格控制 V_2O_5 的含量，避免高含量所导致的 V_2O_5 迁移团聚形成晶体。

（2）WO_3、MoO_3 含量的影响。当前商用 SCR 脱硝催化剂普遍添加 WO_3 与 MoO_3 作为助催化剂，以提高催化剂抗 SO_2 性、抗 H_2O 性以及热稳定性等性能。因为蜂窝催化剂一般采用挤压成型工艺生产，添加 MoO_3 会造成催化剂机械性能下降，所以一般以添加 WO_3 为主；而平板式催化剂采用不锈钢网板作为基材，机械性能优异，因此添加 MoO_3，更有利于抑制 SO_2/SO_3 转化率。

根据华电电科院催化剂性能测试结果，针对蜂窝式催化剂，随着 WO_3 含量由 2.50%增大至 5.37%，SO_2/SO_3 转化率由 0.46%增大至 0.81%，即随着 WO_3 含量的升高，SO_2/SO_3 转化率也随之上升，其原因在于钨氧化物之间会形成 W—O—W 结构，而 W＝O 和 V＝O 一样对 SO_2 有催化氧化作用；针对平板式催化剂，随着 MoO_3 含量由 2.10%增大至 6.19%，SO_2/SO_3 转化率由 0.83%降低至 0.49%，即随着 MoO_3 含量的升高，SO_2/SO_3 转化率随之下降。MoO_3 的添加对催化剂的 SO_2/SO_3 转化率具有明显的抑制作用，其原因在于 MoO_3 能够抑制 SO_2 与催化剂表面 V—O 键的反应，减弱 SO_2 在催化剂表面的吸附，且 Mo^{6+}/Mo^{5+} 比值越高，抗硫性能就越好。

（3）入口 SO_2 浓度的影响。根据华电电科院催化剂性能测试结果，随着入口 SO_2 浓度由 1329mg/m³ 增至 6367mg/m³，蜂窝式催化剂 SO_2/SO_3 转化率由 0.93%降至 0.44%；平板式催化剂随着入口 SO_2 浓度由 1039mg/m³ 增大至 3861mg/m³，SO_2/SO_3 转化率由 0.83%降至 0.40%，整体上呈现随着入口 SO_2 浓度的增大，SO_2/SO_3 转化率随之下降的趋势。此外，在燃用硫分较低的烟煤或褐煤时，锅炉的 NO_x 生成浓度较低，脱硝装置的喷氨量相对较小，相应地 SO_2 与 NH_3 的竞争吸附作用较小，也会导致 SO_2/SO_3 转化率的增大。

（4）入口烟温的影响。对于催化反应，温度是一个很重要的参数，根据化学反应动力学原理，随着温度的升高，SO_2 催化氧化的反应速率显著增加，从而导致 SO_2/SO_3 转化率提高。根据华电电科院催化剂性能测试结果，随着烟温升高蜂窝式催化剂 SO_2/SO_3 转化率由 0.39%上升至 0.82%（烟温由 335℃上升至 401℃），平板式催化剂 SO_2/SO_3 转化率由 0.37%上升至 0.92%（烟温由 341℃上升至 393℃）。因此，在常规钒钛催化剂的工作温度范围内，SO_2/SO_3 转化率与温度呈显著的正相关性。

（5）面速度的影响。催化反应中的面速度与空速对其催化效率有着重要的影响。根据华电电科院催化剂性能测试结果，随着面速度由 7.01m/h 上升至 20.0m/h，蜂窝式催化剂 SO_2/SO_3 转化率由 0.86%下降至 0.65%；而对平板式催化剂，面速度由 8.71m/h 上升至 14.8m/h，SO_2/SO_3 转化率则由 1.03%下降至 0.58%。其原因在于随着面速度的提高，烟气在催化剂表面的停留时间缩短，相应反应时间不足，因此导致 SO_2/SO_3 转化率降低。此外，催化剂孔数或节距也是影响面速度的一项重要参数。以蜂窝式催化剂为例，孔数越多则催化剂几何比表面积越大，面速度越低，单位体积活性越大，但孔数或节距的选取受限于烟气中的飞灰浓度。

一般而言，随着燃煤机组运行负荷的升高，SCR 脱硝装置入口烟温也随之升高，因此会导致 SO_2/SO_3 转化率的升高，但需要注意的是，此时烟气量也随之升高，面速度增大，烟气在催化剂表面停留时间缩短，又会导致 SO_2/SO_3 转化率的降低。因此，在燃煤机组运行的不同负荷段范围内，SO_2/SO_3 转化率的变化需要综合考虑烟气温度和面速度这两方面的影响。

（6）催化剂壁厚的影响。研究表明，与 NO_x 的催化还原受到扩散速率的限制不同，SO_2 在催化剂表面的氧化反应速率比在催化剂孔隙中的扩散速率要慢，因此 NO_x 的还原主要发生在催化剂壁面的 $75\sim100\mu m$ 内，而 SO_2 氧化则发生在催化剂整体壁厚内，因此理论上催化剂的壁厚应与 SO_2/SO_3 转化率呈正相关性。实际上根据华电电科院催化剂性能测试结果，无论是蜂窝式催化剂还是平板式催化剂，实际 SO_2/SO_3 转化率与壁厚之间并无明显的相关性，在相同的壁厚条件下转化率最大可在 0.59～0.92% 范围内波动。究其原因可能在于，所检测的催化剂均为对应工程项目采购的国内主流催化剂厂商的商业化产品，各厂商在催化剂壁厚控制方面均已形成独有的技术特点，在控制壁厚的同时能够通过调整催化剂配方等手段同步控制 SO_2/SO_3 转化率在规范要求的范围内。

10. SCR 脱硝装置 SO_2/SO_3 转化率的控制措施有哪些?

答：脱硝装置的 SO_2/SO_3 转化率受到催化剂的成分、结构、机组运行工况及催化反应条件等多方面因素的影响，开展 SCR 脱硝装置的 SO_2/SO_3 转化率控制，可从以下七个方面开展。

（1）催化剂的 V_2O_5 含量控制。就单因素影响规律而言，应尽量降低 V_2O_5 含量，但需要注意的是，随着 V_2O_5 含量的降低，催化剂的脱硝性能也会随之下降，必然要增大催化剂的体积量来满足脱硝性能，面速度减小从而导致 SO_2/SO_3 转化率的增大。因此应综合考虑，针对不同烟气成分，选择合适的催化剂 V_2O_5 含量，可在满足催化剂脱硝活性的同时，尽可能降低 SO_2/SO_3 转化率。

一般而言，蜂窝式催化剂的 V_2O_5 含量应尽量控制在 1.5%以内，平板式催化剂应尽量控制在 3.0%以内。

（2）催化剂的 WO_3 和 MoO_3 含量控制。在催化剂中添加 WO_3 和 MoO_3 等助剂有利于提高催化剂的抗 SO_2、抗 H_2O 性能及热稳定性、低温活性，但助化剂含量对 SO_2/SO_3 转化率的影响呈现不同的趋势，因此应针对具体的工程条件，在入口烟气参数处于常规脱硝催化剂适用的范围内时，选取合适的助催化剂添加量，以尽可能控制 SO_2/SO_3 转化率。此外，对于需要严格控制 SO_2/SO_3 转化率的项目，还可适当添加 Y_2O_3、GeO_2、Nb_2O_5、BaO 等助催化剂以抑制催化剂的 SO_2 氧化活性。

（3）催化剂的壁厚控制。由于 SO_2 氧化发生在催化剂壁厚内，通过增大催化剂比表面积、减小催化剂壁厚，可有效控制 SO_2/SO_3 转化率，但必须同时保证催化剂的机械强度和耐飞灰磨损性能。对于平板式催化剂，由于采用金属网板作为基材，机械强度明显优于蜂窝式催化剂，因此可以适当减小催化剂的板厚，但必须保证活性物质的黏附能力。此外，减小催化剂壁厚也会减少原材料的用量，即降低催化剂的成本。

（4）入口 SO_2 浓度的控制。降低燃煤硫分一方面会增大脱硝装置的 SO_2/SO_3 转化率，另一方面却能够控制 SO_3 的生成浓度，因此在实际工程应用中仍应优先考虑控制入口 SO_2 浓度，燃用低硫煤。此外，虽然当前国家和行业标准统一要求 SO_2/SO_3 转化率不大于 1%，但针对具体工程项目仍应区别对待。例如针对低硫煤项目，由于入口 SO_2 浓度较低，SO_3 生成量有限，无论是从控制 SO_3 排放角度，还是从控制下游空气预热器堵塞角度，均可适当放宽 SO_2/SO_3 转化率的要求；而对于高硫煤项目，一方面，高入口 SO_2 浓度本身将导致催化剂的 SO_2/SO_3 转化率降低；另一方面，从 SO_3 排放的角度，也应提高转化率控制要求，因此应当适当收紧 SO_2/SO_3 转化率指标。建议针对硫分小于 0.5%的，SO_2/SO_3

转化率可放宽至 1.5%；针对硫分大于 2.5%的，SO_2/SO_3 转化率可收紧全 0.75%。

（5）入口烟温的控制。在常规商用脱硝催化剂工作温度范围内，SO_2/SO_3 转化率随着烟温升高而增大，因此在工程应用中，应通过控制锅炉燃烧状况，尽量控制高负荷条件下脱硝装置的入口烟温。

（6）面速度的控制。由面速度的定义和计算公式可知，在催化剂产品设计阶段，通过尽量增大催化剂几何比表面积、控制催化剂壁厚、减小催化剂体积量可增大面速度，从而降低 SO_2/SO_3 转化率。而在运行阶段，在催化剂量确定的条件下，仅可通过调整烟气量来控制面速度，难度相对较大。

（7）在催化剂运行过程中，随着催化剂性能的衰减，一般而言 SO_2/SO_3 转化率也会随之逐渐降低，因此在工程应用中应重点控制新催化剂的 SO_2/SO_3 转化率，但必须关注 Fe 等可促进 SO_2/SO_3 转化的烟气成分的沉积情况。针对燃用含 As 较高的煤种，由于 As 中毒导致催化剂活性降低，SO_2/SO_3 转化率也会逐渐降低，因此在催化剂管理过程中应重点关注脱硝装置性能状况。针对再生催化剂，考虑活性植入及恢复会在一定程度上增大 SO_2/SO_3 转化率，在再生前应着重分析催化剂的 SO_2/SO_3 转化率状况，再通过再生工艺及再生液配方的控制，将 SO_2/SO_3 转化率控制在规范要求的范围内。

11. 典型干式除尘器协同脱除烟气中 SO_3 的原理分别是什么？

答： 随着燃煤电厂 SO_3 污染问题的日渐凸显，国内外开始逐渐重视 SO_3 的排放及控制技术研究，利用现有污染物脱除设备的协同脱除作用实现 SO_3 减排被认为是下一步的发展方向，而其中除尘装备已被大量研究和工程实例证明具有显著的 SO_3 协同脱除性能。当前燃煤电厂普遍采用的干式除尘技术可分为静电除尘器、低低温电除尘器、袋式除尘器三类。

（1）静电除尘器。静电除尘器（ESP）基本原理是利用电能捕集烟气中的粉尘，主要包括以下四个相关的物理过程：气体的电离、烟尘的荷电、荷电烟尘向电极移动以及荷电烟尘的捕集。ESP 的性能受烟尘性质、设备构造和烟气流速等因素的影响。与其他除尘设备相比，ESP 具有除尘效率高、适应性强、运行可靠、阻力小、维护费用低的优点。工程实践表明，处理的烟气量越大，ESP 的投资和运行费用越经济，因此 ESP 成为当前大型燃煤电厂的主流除尘技术。

ESP 脱除 SO_3 主要依靠飞灰对 SO_3 的吸附作用。其基本原理有两个：一是烟温在酸露点之上时，SO_3 以气态 SO_3 或气态 H_2SO_4 形式存在，与飞灰中的碱性成分发生化学反应进而被吸收或被残余碳吸附；二是烟温降至酸露点以下时，SO_3 将以硫酸的形式凝结在飞灰表面。当 ESP 入口的 SO_3 浓度适当升高时，一方面能够降低飞灰的比电阻，另一方面能够降低飞灰的表面张力，使飞灰更容易吸收烟气中的水分从而增强飞灰的凝聚力，形成更多的大颗粒，更容易被 ESP 脱除。此外，在 ESP 前对烟气进行增湿能够有效提高 SO_3 脱除能力。

（2）低低温电除尘器。低低温电除尘器（LLTESP）是在常规ESP 的基础上，通过降低除尘器入口烟温、减小烟气量、降低除尘器内烟气流速、降低飞灰比电阻、改善烟尘特性等来实现除尘效率的有效提升，同时具有一定节能和脱除 SO_3 的效果。因此，LLTESP 具有烟气温度低、除尘效率高、能高效脱除 SO_3 等特点，能够实现高效除尘以及降低烟气系统设备能耗。燃煤电厂采用LLTESP 时入口烟气温度应低于酸露点温度 3～5℃；燃用中低硫煤时，一般为 90℃±5℃。

在 LLTESP 中，由于前置余热利用装置可将烟气温度降到酸露点以下，烟气中的 SO_3 被冷凝成硫酸雾，而烟气中高浓度烟尘的较大表面积为硫酸雾吸附提供了很好的条件，硫酸雾吸附后进而被烟尘中的碱性物质中和，在 ESP 中随着烟尘一同被去除。研究表明，硫酸雾滴在飞灰上的吸附凝结过程分为四个阶段：外部扩散、气体膜扩散、颗粒内部扩散以及吸附反应阶段，其中气体膜扩散和外部扩散速率较快，不是影响 SO_3 吸附速率的主要因素，结合 WeberMomis 经验公式和 H_2SO_4 的吸附动力学特性，颗粒内部扩散的速率最为缓慢，SO_3 的吸附速率主要受颗粒内部扩散的影响。随着烟温的降低，烟气中的 SO_3 冷凝为硫酸雾，进而吸附在烟气中的飞灰表面，同时促进小颗粒飞灰的凝聚长大，最终提高下游 ESP 协同脱除 SO_3 与烟尘的性能。

（3）袋式除尘器。袋式除尘器（FF）的工作原理是利用滤布纤维及其表面形成的粉尘层通过筛分、惯性碰撞、拦截等作用，实现粉尘颗粒物的脱除，具有除尘效率高、烟尘排放浓度小的特点，近年来为满足超低排放要求所开发的超净滤袋技术能够实现除尘器出口烟尘浓度控制在 $10mg/m^3$ 以下。由于滤袋在运行过程中会形成一层天然的飞灰饼层，SO_3 经过粉饼的过程与穿透固定床吸附剂的过程类似，在物理吸附和化学吸附的双重作用下，粉饼将 SO_3 捕集，达到脱除的目的。相比于物理吸附，化学吸附更加高效、稳定，作用更加明显，同时生成稳定的金属盐成分可以避免脱附现象的出现。相关研究表明，袋式除尘器脱除 SO_3 的能力会受到飞灰中碱金属组分与含量的影响。飞灰中含有的碱性氧化物，如 Na_2O、K_2O、Al_2O_3，CaO、MgO、Fe_2O_3 等对 SO_3 都具有一定的化学吸附作用。

12. 静电除尘器协同脱除烟气中 SO_3 的脱除水平如何？
答： 目前针对常规干式除尘器脱除 SO_3 的效果以及机理尚无

定论，工程中亦无相关性能保证值。有研究表明，常规干式除尘器对 SO_3 的脱除与飞灰中的碱含量、硫酸气溶胶颗粒大小、烟气温度等有关。如图 1-2 所示，华电电科院研究结果表明，静电除尘器 SO_3 脱除效率在 20%左右。

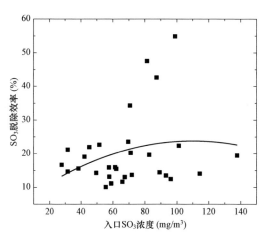

图 1-2　静电除尘器脱除 SO_3 效果分析

静电除尘器是利用电场电能来捕集烟气中的粉尘，其脱除 SO_3 主要依靠飞灰对 SO_3 的吸附作用。常规静电除尘器运行烟温在酸露点以上，此时 SO_3 以气态 SO_3 或气态 H_2SO_4 形式存在，其与飞灰中的碱性成分发生化学反应而被吸收，从而在电场电能脱除粉尘的同时脱除 SO_3。

13. 低低温电除尘器协同脱除烟气中 SO_3 的脱除水平如何？

答：低低温电除尘器对于 SO_3 具有显著的协同脱除效果，究其原因在于通过前置烟气冷却器降低烟温至酸露点以下，促进了液态硫酸雾在飞灰颗粒表面吸附，继而经除尘器脱除，实现 SO_3

浓度大幅降低,同时硫酸液滴吸附还能够有效降低飞灰的比电阻,从而提高除尘效率。如图 1-3 所示,华电电科院研究结果表明,低低温电除尘器 SO$_3$ 脱除效率在 40%～91%范围内,平均值为 73%。

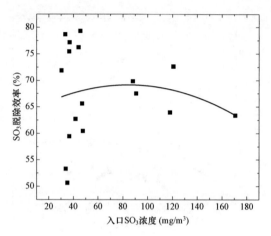

图 1-3　低低温电除尘器脱除 SO$_3$ 效果分析

　　低低温电除尘器将烟气温度降至酸露点以下,气态 SO$_3$ 将转化为液态的硫酸雾。因烟气含尘浓度很高,粉尘总表面积很大,为硫酸雾的凝结附着提供了良好的条件。国外研究表明,当灰硫比(D/S)大于 100 时,烟气中的 SO$_3$ 去除率可达到 95%以上,SO$_3$ 质量浓度将低于 1ppm。由于 SO$_3$ 在酸露点以下时,其更容易被粉尘吸附和包裹,因此低低温电除尘器较静电除尘器有更高的 SO$_3$ 脱除效率。

　　需要指出的是,当前部分配置低低温电除尘器的机组在实际运行中受限于机组排烟温度偏离设计值、工程设计换热面裕量不足、运行人员技术水平不足等多方面因素,往往未能实现酸露点以下运行,不仅未能充分发挥低低温电除尘器协同脱除

SO₃、降低烟尘比电阻、提高除尘效率的作用，还加大了换热面的酸腐蚀速率。

14. 袋式除尘器协同脱除非常规污染物的效果如何？

答：袋式除尘器本身采用"过滤拦截"的原理，实际运行过程中粉尘会堆积在滤袋迎尘面，从而形成一层粉饼层，粉饼层会携带大量负粒子，进而在粉饼层处产生二次微电场，可以有效地捕集包裹在细微颗粒中的气态硫酸，从而有效地物理吸附脱除SO₃。飞灰中大量的碱金属组分会对SO₃形成化学吸附效果，在运行过程中，当烟气经过滤袋表面粉饼层时，SO₃与滤袋粉饼层中的碱性物质发生中和反应，实现SO₃的化学吸附脱除。因此，袋式除尘器脱除SO₃时物理吸附与化学吸附同时存在，使袋式除尘器相对于静电除尘器具有更高的SO₃脱除效率。如图1-4所示，华电电科院研究结果表明，袋式除尘器SO₃脱除效率在15%~45%之间。

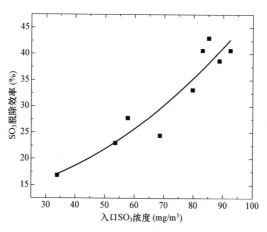

图1-4　袋式除尘器脱除SO₃效果分析

影响袋式除尘器脱除汞、氨和三氧化硫效率的因素是多种多样的，其中粉饼层性状、烟气流速、温湿度和污染物浓度的影响比较明显。

（1）滤袋粉饼层的比表面积和厚度。袋式除尘设备在工作时由于烟气流速较低，污染物会与滤粉饼层发生作用，SO_3 会被飞灰中的碱金属吸收。当气态污染物经过粉饼时，在飞灰表面吸附力的作用下被大量捕获。粉饼层越厚，吸附效果越好。另外，相比于未荷电的粉尘，荷电粉尘形成的粉饼会有更大的比表面积，吸附效果更好。

（2）烟气流速。较慢的烟气流速更有利于污染物与粉饼层充分接触，被滤袋捕获，因此在机组不同负荷条件下滤袋对 SO_3 的脱除性能是不同的。

（3）烟气中水分及烟气温度。烟气中水分越多，烟温越低，将有更多的 SO_3 以气态硫酸的形式存在，黏附包裹在粉尘上，更有利于被袋式除尘设备捕获。

15. 湿法脱硫装置协同脱除 SO_3 的原理是什么？

答： 石灰石–石膏湿法烟气脱硫（WFGD）具有脱硫效率高、系统运行稳定、吸收剂来源便捷等特点，是当前最主流的烟气脱硫工艺。目前基于 WFGD 的高效脱硫技术包括高效脱硫塔、单塔双区、单塔双循环、托盘技术、双塔双循环等，主要通过优化吸收塔设计、提高吸收塔液气比、强化气液传质反应等手段，可实现高达 99% 的脱硫效率，且在国内外均有大量的应用实践。

与 SO_2 通过气液吸收传质脱除相比，两者脱除机制明显不同。SO_3 进入湿法脱硫系统后，可通过均质成核及以烟气中细颗粒物为凝结核的异质成核作用形成亚微米级颗粒物，主要通过自由扩散以及与喷淋液滴碰撞实现脱除。具体原理为：湿法脱硫塔内为气溶胶的形成提供了理想的环境，当烟气进入喷淋区，SO_3 或

H_2SO_4 迅速被冷却到露点以下，且冷却速率大于气态 SO_3 或 H_2SO_4 被吸收塔内吸收剂吸收的速率，气态 H_2SO_4 经历了凝聚过程转变为亚微米级的 H_2SO_4 气溶胶。研究发现，在脱硫塔入口生成 H_2SO_4 气溶胶数量浓度可达 1×10^7 个/cm^3，H_2SO_4 气溶胶以亚微米级颗粒为主，且主要分布在 0.1μm 以下粒径段。气溶胶与喷淋液之间的物质传递作用有惯性碰撞、重力沉降、布朗扩散、扩散电泳、热泳等。对于直径小于 0.05μm 的亚微米级雾滴，布朗扩散起主要的传质作用，由于受到相对速度的影响，布朗扩散的传质速率较低，此时湿法脱硫不能有效地捕集 SO_3，同时脱硫塔顶部的除雾器对亚微米粒径段的硫酸气溶胶的捕集效率也较低。

16. 湿法脱硫装置协同脱除 SO₃ 脱除水平现状如何？

答： 关于湿法脱硫装置（WFGD）的 SO_3 脱除效率，美国电力研究协会曾对 10 台燃煤机组 WFGD 系统协同脱除 SO_3 能力进行了系统研究，结果表明不同配置的 WFGD 系统脱除 SO_3 效率实测结果在 10%～80%范围内，SO_3 脱除效率随着液气比及入口烟尘浓度的增加而增加，随着入口烟温的升高而减小。美国 B&W 公司报道，不同 WFGD 系统的 SO_3 脱除效率也在 30%～75%的较宽范围内。目前，WFGD 工程设计中，一般设定 SO_3 脱除效率在 30%～50%之间。

从华电电科院脱硫性能测试结果来看，79 台超低排放机组湿法脱硫入口平均 SO_2 浓度与 SO_3 浓度分别为 3278mg/m^3 与 47.7mg/m^3，出口平均浓度分别为 22.1mg/m^3 与 21.6mg/m^3，平均 SO_2 脱除效率与 SO_3 协同脱除效率分别为 99.3%与 53.1%。此外，统计 77 台单塔机组 SO_3 协同脱除效率平均值为 49.0%，而 31 台双塔机组 SO_3 协同脱除效率平均值为 57.7%，双塔机组较单塔机组 SO_3 脱除效率提高 8.7%。

17. 湿法脱硫装置协同脱除 SO₃ 的影响因素有哪些?

答：华电电科院通过开展大量现场测试，结合工程实际，系统分析了入口 SO₃ 浓度、液气比、塔内烟气停留时间、入口烟温、入口烟尘浓度等因素对湿法脱硫装置协同脱除 SO₃ 性能的影响。

（1）塔内烟气停留时间的影响。从塔内烟气停留时间对 SO₃ 脱除效率的影响来看，当烟气停留时间由 3.07s 延长至 11.7s，SO₃ 脱除效率由 32.6% 增大至 77.2%，即随着烟气停留时间的延长，SO₃ 脱除效率随之升高，两者整体趋势呈正相关性。究其原因在于，随着烟气停留时间的延长，H_2SO_4 气溶胶颗粒凝聚长大的过程更为充分，且与浆液滴的碰撞机率增大，从而能够有效提高湿法脱硫装置的 SO₃ 脱除效率。

（2）液气比的影响。从液气比对 SO₃ 脱除效率的影响来看，随着液气比由 14.6L/m³ 提高至 24.8L/m³，SO₃ 脱除效率由 43.1% 提升至 59.8%。分析其原因在于，提高液气比能够提高气液间的传热传质效率，有利于促进 SO₃ 的吸收，同时增加塔内接触区域的浆液滴密度，可提升 H_2SO_4 气溶胶与浆液滴的碰撞机率，从而提高其捕集效率。此外，提高液气比会增加脱硫塔内的水汽饱和度，也有利于 H_2SO_4 气溶胶的凝聚长大。

（3）入口烟温的影响。从入口烟温对 SO₃ 脱除效率的影响来看，随着入口烟温由 101℃ 升高至 168℃，SO₃ 脱除效率由 64.4% 降低至 32.6%。研究表明，SO₃ 在脱硫塔内是通过均质成核及以烟气中细颗粒为凝结核的异质成核作用形成硫酸气溶胶，而冷却速率是影响气溶胶粒径大小的重要参数。入口烟温较低时烟气冷却速率较小，允许气溶胶有更多的时间进行凝结，而提高入口烟温将导致气溶胶更多且粒径更小，在脱硫塔内有限的烟气停留时间内，不利于浆液捕集，从而降低脱硫塔对 SO₃ 的脱除效率。

（4）入口 SO₃ 浓度的影响。从入口 SO₃ 浓度对 SO₃ 脱除效率及出口 SO₃ 浓度的影响来看，随着入口 SO₃ 浓度由 44.5mg/m³ 升高至 87.0mg/m³，SO₃ 脱除效率由 44.3%提升至 59.8%，出口 SO₃ 浓度由 22.3mg/m³ 升高至 38.8mg/m³，且进、出口 SO₃ 浓度呈现出较强的相关性。入口 SO₃ 浓度的增加可促进气溶胶颗粒的相互凝聚，从而形成更易被脱硫浆液捕集的大颗粒气溶胶，因此 SO₃ 脱除效率随着入口 SO₃ 浓度的升高而升高。

（5）入口烟尘浓度的影响。从入口烟尘浓度对 SO₃ 脱除效率的影响来看，随着入口烟尘浓度由 16.0mg/m³ 升高至 57.3mg/m³，SO₃ 脱除效率由 38.2%提升至 64.4%。其原因在于，入口烟尘浓度的提高有利于在塔内形成凝结核，促进硫酸气溶胶的凝聚长大，从而更容易被脱硫浆液捕集。

18. 湿法脱硫装置协同脱除 SO₃ 的提效措施有哪些？

答：当前湿法脱硫装置的 SO₃ 脱除效率存在较大差异，在一定程度上也表明部分机组湿法脱硫装置协同脱除 SO₃ 仍有较大的提效空间。已有研究表明，通过在脱硫塔入口设置烟气增湿装置或换热冷凝装置，或在塔内设置基于旋转离心原理或换热冷凝原理的除雾器，可有效提升脱硫塔的 SO₃ 协同脱除性能。根据各影响因素分析结果，可从以下几方面开展湿法脱硫装置协同脱除 SO₃ 提效。

（1）塔内烟气停留时间控制。在脱硫装置设计阶段，可在工程造价不出现大幅增加的前提下适当降低空塔烟气流速，并提升塔高以延长烟气在塔内的停留时间，从而提高 SO₃ 的脱除效率，这对于提高 SO₂ 及烟尘的脱除效率也是有利的。如国内某发电集团湿法脱硫设计规范中要求"吸收塔塔内烟气设计流速宜不超过 3.5m/s"以及"底层喷淋层中心距离烟气入口顶部宜不小于 3m，喷淋层间距不小于 2m，顶层循环喷淋层中心线至一级除雾器底部距离不小于 3m，顶级除雾器顶部至吸收塔出口烟道底部之间距离不小于 3.5m"。在运行阶段，可通过控制锅炉配风及燃烧状况，尽量减小烟气量。当机组低负荷或低燃煤硫分运行，浆液循环泵无需全开时，可优先关闭下层浆液循环泵，以提高浆液与 SO_3 的接触时间与接触机率。

（2）液气比控制。由于液气比对工程造价影响较大，在工程设计阶段仍应以满足 SO_2 脱除效率为目标，但应注意尽量提高喷淋层的喷淋效果及覆盖率。根据当前工程应用中优选的技术，顶层喷淋应采用单向喷嘴，下部喷淋层宜优先选用双向喷嘴，单层喷淋覆盖率不宜低于 250%，喷嘴喷射角度偏差应控制在 ±（5%～10%），喷淋喷嘴雾化液滴体积中位直径（ $D_{v_{0.5}}$ ）应小于 2500μm，颗粒度分布参数（RSF）宜在 0.7～13 之间。通过采用上述措施能够在工程造价可控范围内，尽量增大浆液液滴与 SO_3 的接触机率，从而提升 SO_3 的协同脱除效果。

（3）入口烟温控制。对锅炉排烟温度较高的项目，若烟道具备布置空间，可通过前置换热器降温的方式，减小进入脱硫塔的烟气量，从而提高塔内烟气停留时间，为气溶胶在塔内凝聚长大创造条件。若除尘方式为电除尘，通过设置低温换热器将烟温降至酸露点以下，可实现低低温除尘，在除尘部分即可大幅提高 SO_3 脱除效果。若除尘方式为袋式除尘，可将低温换热器设置于除尘器后，但必须注意换热器材质的选取以及换热器出口烟温的设定，避免酸腐蚀问题及对脱硫塔水平衡的影响。此外有研究者提出，通过前置雾化增湿装置，水汽以 H_2SO_4 气溶胶为凝结核在其表面发生核化凝结，促使气溶胶粒径增大，也能够在一定程度上提升脱硫塔的 SO_3 脱除性能。

（4）入口 SO_3 浓度控制。研究表明，虽然脱硫塔 SO_3 脱除效率随入口 SO_3 浓度升高而升高，但出口 SO_3 浓度也同步升高，因此仍应尽可能通过控制燃煤硫分、降低 SCR 脱硝 SO_2/SO_3 转化率、提升除尘装置 SO_3 脱除效率等方式，尽量降低进入湿法脱硫装置的 SO_3 浓度，从而控制 SO_3 排放浓度。

（5）入口烟尘浓度控制。研究表明，虽然脱硫塔 SO₃ 脱除效率随入口烟尘浓度升高而升高，但由于烟尘排放也是燃煤电厂烟气超低排放三项主要污染物指标之一，因此仍应以控制烟尘最终达标排放为首要目标。若湿法脱硫装置后仍配置有湿式电除尘器，则可通过控制前端除尘器出力，适当提高进入脱硫塔的烟尘浓度，从而充分发挥脱硫塔 SO₃ 与烟尘协同脱除作用，然后经过湿式电除尘器的多污染物协同脱除，实现烟尘的达标排放，同时还可在一定程度上起到节能降耗的作用。

19. 湿式电除尘器协同脱除烟气 SO₃ 的原理是什么？

答：湿式电除尘器是指用水清除吸附在电极上粉尘的电除尘器。湿式电除尘器在电力行业中主要用来除去脱硫塔后湿烟气中的粉尘、酸雾等有害物质，是治理火电厂大气污染物排放的精处理环保装备。其工作原理是：放电极在直流电压的作用下，电晕线周围产生电晕层，电晕层中的空气发生雪崩式电离，从而产生大量的负离子，负离子与粉尘或雾滴粒子发生碰撞并附着在其表面荷电，荷电粒子在高压静电场力的作用下向集尘极运动，到达集尘极后，将其所带的电荷释放掉，尘（雾）粒子被集尘极收集；水流从集尘极顶端流下形成一层均匀稳定的水膜，通过水冲刷的方式将粉尘、酸雾等清除。

与常规干式静电除尘器（ESP）相比，湿式电除尘器（WESP）由于放电区域存在大量水雾，强化了空间荷电，在相同的放电电压条件下，可实现更高的二次电流，促进细颗粒物有效荷电，因此能够有效解决常规 ESP 针对 $0.1\sim10\mu m$ 颗粒物电场荷电、扩散荷电能力较弱的难题。此外由于 WESP 集尘极被水膜覆盖，不存在因振打引起的细颗粒物二次扬尘，且潮湿环境能够保证硫酸凝结和收集，低电阻率和高输入电压能够增强亚微米级颗粒的收集能力，因此湿式电除尘器能够解决传统干式静电除尘器无法解决的问题，例如控制酸雾、气溶胶、汞等重金属的排放。

20. 湿式电除尘器协同脱除烟气 SO₃ 的脱除水平如何？

答： 关于湿式电除尘器的 SO_3 脱除性能，美国电力研究协会开展了一系列中试研究。结果表明，SO_3 浓度在 6.9～59.3mg/kg 范围内时，单级 WESP 对 SO_3 的脱除效率基本在 60%～70% 之间，当电场数增加至二级和三级时，SO_3 的脱除效率可分别达到 80% 和 95%。美国 B&W 公司在 155MW 燃油热电厂上应用了 WESP，在入口 SO_3 浓度为 45～55mg/m³ 条件下，实际运行结果表明 SO_3 的脱除效率在 86%～90% 之间。日本三菱公司针对燃油、燃煤和油煤混合燃烧等 25 个燃用高硫分燃料的电厂进行了 WESP 应用总结，提出高硫分燃料应采用多级电场配置的 WESP 以保证污染物脱除效率，当入口 SO_3 浓度为 60mg/kg 时，WESP 出口 SO_3 浓度可控制至 1mg/kg 以下。国内相关研究结果表明，WESP 的湿电场中存在明显的细颗粒物团聚现象，有效避免了细颗粒物排放，同时可实现较好的 SO_3 脱除效果，WESP 的 SO_3 脱除效率一般在 60%～80%，出口 SO_3 排放浓度能够控制在 5mg/m³ 以下。根据华电电科院湿式电除尘器性能测试结果，35 台湿式电除尘器 SO_3 脱除效率在 51%～92% 之间，平均脱除效率为 76%，SO_3 平均出口排放浓度为 5.3mg/m³。

21. 湿式电除尘器协同脱除烟气 SO₃ 的影响因素有哪些？

答：（1）比集尘面积的影响。比集尘面积是湿式电除尘器的重要设计参数，是影响其包括 SO_3 在内的多污染物脱除性能的关键因素之一。从华电电科院相关性能试验结果中比集尘面积对 SO_3 脱除效率的影响情况来看，随着导电玻璃钢湿式电除尘器比集尘面积由 18.2m² · s/m³ 增大至 30.7m² · s/m³，金属极板湿式电除尘器比集尘面积由 24.6m² · s/m³ 增大至 36.4m² · s/m³，两者 SO_3

脱除效率也分别由 50.9%增大至 91.8%，由 63.3%增大至 82.9%，总体呈现 SO_3 脱除效率随着比集成面积的增大而增加的趋势。

（2）烟气流速的影响。烟气流速是湿式电除尘器的另一个重要设计参数，国内导电玻璃钢湿式电除尘器和金属极板湿式电除尘器的烟气流速分别在 1.74～2.96m/s 与 1.51～2.38m/s 范围内，相比国外文献报道的湿式电除尘器流速较低。总体而言，随着烟气流速的增大，上述两种型式湿式电除尘器的 SO_3 脱除效率均呈下降趋势。相关研究表明，在颗粒物驱进速度一定的条件下，通过减小湿式电除尘器内烟气流速，增大烟气停留时间，能够有效促进颗粒物向集尘极移动，从而提升颗粒物脱除效率；而较高的烟气流速可削弱超细气溶胶的生成，进而可以提高湿式电除尘装置的 SO_3 脱除效率。因此，烟气流速对湿式电除尘器 SO_3 脱除性能的影响需要综合考虑上述两方面因素的平衡。

（3）入口 SO_3 浓度的影响。一般而言，湿式电除尘器的 SO_3 脱除效率会随入口 SO_3 浓度的增大而升高，但趋势并不明显。而进、出口 SO_3 浓度则表现出较为显著的相关性，即出口 SO_3 浓度随着入口 SO_3 浓度的提高而增大。相关研究也表明，随着湿式电除尘器入口 SO_3 浓度的提高，硫酸气溶胶的粒径呈增大趋势，而总的气溶胶浓度未出现显著变化，有利于硫酸气溶胶的脱除，从这个角度来看，随着入口 SO_3 浓度的升高，湿式电除尘器的 SO_3 脱除效率随之升高。但湿式电除尘器内的电晕电流主要由沉积在阳极板上的自由离子的电迁移率形成，而硫酸气溶胶绝大部分是低于 0.1μm 的小颗粒，高浓度的微细硫酸气溶胶会导致自由离子的密度降低，形成明显的空间荷电效应，对湿式电除尘器的放电特性造成不利影响。此外荷电气溶胶也会干扰电场分布，导致离子产生率降低。因此高 SO_3 浓度对电晕放电有负面影响，导致湿式电除尘器的电流、电压的运行参数降低。

（4）入口烟尘浓度的影响。从入口烟尘浓度对 SO_3 脱除效率影响情况来看，随着入口烟尘浓度的升高，SO_3 脱除效率呈升高趋势，即入口烟尘浓度与 SO_3 脱除效率呈正相关关系。华电电科院相关性能试验结果显示：对于导电玻璃钢湿式电除尘器，随着入口烟尘浓度由 13.1mg/m³ 升高至 81.0mg/m³，SO_3 脱除效率由 50.9%升高至 91.8%；对于金属极板湿式电除尘器，随着入口烟尘浓度由 28.9mg/m³ 升高至 104mg/m³，SO_3 脱除效率由 63.3%升高至 82.9%，入口烟尘浓度对导电玻璃钢湿式电除尘器的影响相对强于金属极板湿式电除尘器。

（5）入口烟气温度的影响。从入口烟气温度对 SO_3 脱除效率影响情况来看，随着入口烟温的升高，SO_3 脱除效率呈下降趋势，即入口烟温与 SO_3 脱除效率呈负相关关系。华电电科院相关性能试验结果显示，对于导电玻璃钢湿式电除尘器，随着入口烟温由 44℃升高至 57℃，SO_3 脱除效率由 91.8%下降至 50.9%；对于金属极板湿式电除尘器，随着入口烟温由 49℃升高至 55℃，SO_3 脱除效率由 82.9%下降至 63.3%。湿式电除尘器一般布置于湿法脱硫装置之后，而湿法脱硫装置出口烟气通常处于饱和状态，随着烟气冷却，烟气进入过饱和状态而发生相变，硫酸气溶胶随之长大，进而促进湿式电除尘器脱除 SO_3。

22. 湿式电除尘器协同脱除烟气 SO_3 的提效措施有哪些？

答：湿式电除尘器作为燃煤机组环保设施的最后一个环节，除能够高效脱除烟尘外，还能够有效协同脱除 SO_3。在工程设计阶段和运行阶段充分发挥湿式电除尘器的协同脱除作用以及协调好湿式电除尘器与上游污染物脱除设备的协同运行，对实现环保设施的整体节能降耗具有重要意义。根据各影响因素分析结果，可从以下方面开展湿式电除尘器 SO_3 协同脱除提效。

（1）比集尘面积控制。考虑湿式电除尘器的实际应用需求，在工程设计阶段，比集尘面积的选型仍应以烟尘控制为目标，根据除尘要求确定比集尘面积及相应的布置型式后，在不发生工程造价大幅增加的前提下，可适当提高比集尘面积，以提高湿式电除尘器的 SO_3 脱除性能。在运行阶段，可从燃煤煤质、锅炉燃煤掺配掺烧、燃烧工况控制等方面，尽量控制进入湿式电除尘器的烟气量，从而增大实际运行条件下的比集尘面积，尽量提高 SO_3 等污染物的脱除效率。

（2）烟气流速控制。在工程设计阶段，在不发生工程造价大幅增加以及现场布置空间满足的前提下，可适当增大湿式电除尘器有效通流面积，但应注意电源参数与烟气流速的协调配比。在运行阶段，可在满足烟尘达标排放的前提下适当降低二次电压以减弱等离子体诱导效应，同时控制进入湿式电除尘器的烟气量，从而降低实际运行条件下的烟气流速，尽量提高 SO_3 的脱除效率。另外，由于高流速可以抑制等离子体诱导效应的发生，因此在机组高负荷运行时，烟气流速较高，可提高电源运行参数，而在低负荷运行时，则应适当降低电源运行参数，在不影响 SO_3 脱除效率的情况下实现节能降耗。

（3）入口 SO_3 浓度控制。在设计阶段仍应结合烟尘控制要求，充分发挥前端干式除尘器与湿法脱硫的 SO_3 协同脱除作用，干式除尘部分可通过设置温湿度调控装置提升 SO_3 协同脱除能力，湿法脱硫可通过相对应的湿法脱硫装置提效措施尽量提升 SO_3 协同脱除能力，在此基础上通过湿式电除尘器实现 SO_3 的低浓度排放。需要特别注意的是，在燃用高硫煤条件下，高 SO_3 浓度会造成电晕封闭，更应通过前端环保设施尽量降低进入湿式电除尘器的 SO_3 浓度，以避免高 SO_3 浓度对湿式电除尘器运行产生不利影响。必要时可考虑采用烟气增湿、预荷电、新型极配方式等措施以提高湿式电除尘器性能。

（4）入口烟尘浓度控制。在设计阶段仍建议充分发挥前端环保设施的除尘能力，而在运行阶段，考虑入口烟尘浓度对于湿式电除尘器的多污染物协同脱除有一定帮助，可在满足烟尘超低排放的前提下，适当调整前端除尘装备的出力，以充分发挥湿式电除尘器的性能，还能在一定程度上实现整体环保设施的节能降耗运行。

（5）入口烟温控制。湿式电除尘器布置于湿法脱硫塔后端，烟温波动范围相对较小，可调节性较差，且从上述分析可知入口烟温对湿式电除尘器的 SO_3 脱除性能影响也较小，但在运行阶段仍应予以关注，防止烟温偏离设计范围。

23. 炉后碱基吸收剂喷射脱除烟气 SO_3 工艺及其优缺点是什么？

答：炉后碱基吸收剂喷射技术是指在炉后烟道内喷入碱基吸收剂，吸收剂与烟气中的 SO_3 反应后形成的硫酸盐固体在下游除尘器中与烟尘一起被脱除的工艺技术。相关研究表明，炉后碱基喷射技术可以实现燃煤电厂烟气 SO_3 脱除效率最高达 95% 以上，烟气中 SO_3 体积分数可以控制在 5ppm 以下，并且能较理想地解决机组低负荷情况下喷氨脱硝和空气预热器堵塞的问题。

该技术一般采用稀相气力输送方法将碱性吸收剂固体粉末或溶液输送并喷射到烟气中，喷射位置可以布置在 SCR 脱硝装置入口、空气预热器入口或静电除尘器入口。吸收剂在 SCR 脱硝系统前喷入，可以避免炉内生成的 SO_3 进入 SCR 反应器，减少 NH_4HSO_4 生成，降低对催化剂的不利影响，但不能有效控制因 SCR 脱硝转化生成的 SO_3；在空气预热器前喷入，可有效缓解因 NH_4HSO_4 导致的空气预热器堵塞问题；在除尘器前喷入，虽然也能够起到脱除 SO_3、减少 SO_3 排放总量的效果，但由于吸收剂停留时间有限，难以达到较高的 SO_3 脱除效率，因此应用相对较少。

碱性吸收剂的种类是影响该技术中 SO_3 脱除效率的关键因素，常用碱基吸收剂包括钙、镁、钠基碱性化合物及氨，就目前工业应用而言，NH_3、MgO、$NaHSO_4$、$NaCO_3$ 等应用较多。吸收剂不同，喷入的形式也各有不同，可以用干法 [$Ca(OH)_2$、MgO、$NaHCO_3$ 为主]，也可以用湿法 [NH_3、$Mg(OH)_2$、Na_2CO_3 为主]。SO_3 脱除效果与吸收剂种类及物化性质、喷射方式、喷射位置、吸收剂与烟气的混合均匀性及接触时间等因素有关。选择何种吸收剂需要考虑烟气温度影响、吸收剂及生成反应物的物理性质的影响、停留时间、吸收剂的耗量和供应、管道的物理性质限制、吸收剂的粒径、管道中流体的影响、可能对飞灰综合利用产生的影响等，在满足脱除性能要求的条件下还需考虑所选用吸收剂的经济性。

需要说明的是，虽然炉后碱基吸收剂喷射技术的初始投资并不高，但其运行成本较高，这也限制了其广泛应用。

24. 燃煤电厂应如何选取 SO₃排放控制技术路线？

答：SO_3 排放控制可行技术路线基于现有理论研究结果及各种锅炉炉型的 SO_3 生成与当前环保技术路线情况。燃煤电厂 SO_3 排放控制可行技术见表 1−5。

表 1−5　　　　　燃煤电厂 SO₃排放控制可行技术

炉型	硫分（%）	脱硝系统	满足不同 SO₃排放限值控制可行技术		
			20mg/m³	10mg/m³	5mg/m³
煤粉炉	<1	SCR（2+1层催化剂）	ESP（FF）+WFGD（单塔）	ESP（FF）+WFGD（单塔）+WESP	
				LLTESP+WFGD（单塔）	
	1～2.5		ESP（FF）+WFGD（单塔）+WESP	LLTESP+WFGD（单塔）+WESP	
			LTESP+WFGD（单塔）		
	>2.5		ESP（FF）+WFGD（双塔）+WESP	ASI（可选）+ESP（FF）+WFGD（双塔）+WESP（可选）	

续表

炉型	硫分（%）	脱硝系统	满足不同 SO₃ 排放限值控制可行技术		
			20mg/m³	10mg/m³	5mg/m³
循环流化床（CFB）	<1	SNCR+（SCR）	FF+SDFGD		
			ESP（FF）+WFGD（单塔）		ESP（FF）+WFGD（单塔）+WESP
					LLTESP+WFGD（单塔）
	1～2.5		ESP（FF）+WFGD（单塔）		ESP（FF）+WFGD（单塔）+WESP
					LLTESP+WFGD（单塔）
	>2.5		ESP（FF）+WFGD（双塔）+WESP		LLTESP+WFGD（双塔）+WESP
			LLTESP+WFGD（双塔）		
W 型火焰炉	<2.5	SCR（3+1层催化剂）	同煤粉炉采用全流程协同控制技术		ASI+ESP（FF）+WFGD（双塔）+WESP
	>2.5		ASI（可选）+ESP（FF）+WFGD（双塔）+WESP（可选）		

注 1. 炉内 SO₂ 氧化率控制在 1%以下。

　　2. 燃煤硫分低于 2.5%时，催化剂 SO₂/SO₃ 转化率低于 1%；燃煤硫分大于 2.5%时，催化剂 SO₂/SO₃ 转化率低于 0.75%。

　　3. 环保设施 SO₃ 脱除效率：ESP（FF）为 5%～25%，LLTESP 为 70%～90%，WESP 为 70%～90%，单塔 WFGD 为 30%～50%，双塔 WFGD 为 50%～70%，SDFGD 为 80%～95%。

　　4. 碱基吸收剂喷射系统 SO₃ 脱除效率为 80%以上。

1. 煤粉炉

目前煤粉炉脱硝部分普遍采用 SCR 脱硝技术实现 NO$_x$ 超低排放，催化剂采用 "2+1" 布置型式。

（1）燃煤硫分低于 1%时，可采用如下协同控制技术路线。

1）采用 "静电除尘（袋式除尘）+单塔湿法脱硫" 的协同控制技术路线实现 20mg/m³ 排放限值要求。

2）采用 "低低温电除尘+单塔湿法脱硫" 或 "静电除尘（袋

式除尘）＋单塔湿法脱硫＋湿式电除尘"的协同控制技术路线实现 $10mg/m^3$ 或 $5mg/m^3$ 排放限值要求。

（2）燃煤硫分在 1%～2.5%之间时，可采用如下协同控制技术路线。

1）采用"低低温电除尘＋单塔湿法脱硫"或"静电除尘（袋式除尘）＋单塔湿法脱硫＋湿式电除尘"的协同控制技术路线实现 $20mg/m^3$ 或 $10mg/m^3$ 排放限值要求。

2）采用"低低温电除尘＋单塔湿法脱硫＋湿式电除尘"可实现 SO_3 排放浓度低于 $5mg/m^3$。

（3）燃煤硫分大于 2.5%时，宜采用"静电除尘（袋式除尘）＋湿法脱硫（双循环或双塔）＋湿式电除尘"实现 $20mg/m^3$ 排放限值要求；可在合适位置采用碱基吸收剂喷射法耦合现有燃煤电厂烟气污染物治理设施实现 SO_3 排放浓度低于 $10mg/m^3$ 或 $5mg/m^3$。

2. 循环流化床锅炉（CFB）

循环流化床锅炉脱硝部分宜优先采用 SNCR 脱硝技术，如不能实现超低排放再考虑增设 SCR 脱硝装备，相应循环流化床锅炉 SO_3 生成浓度将大大降低。

（1）燃煤硫分低于 1%时，脱硫系统宜采用单塔湿法脱硫或者半干法脱硫。

1）采用"炉内脱硫＋半干法脱硫＋布袋除尘"的协同控制技术路线稳定实现 SO_3 排放浓度低于 $5mg/m^3$。

2）采用"静电除尘（袋式除尘）＋单塔湿法脱硫"的协同控制技术路线实现 $20mg/m^3$ 或 $10mg/m^3$ 排放限值要求。

3）采用"低低温静电除尘＋单塔湿法脱硫"或"静电除尘（袋式除尘）＋单塔湿法脱硫＋湿式电除尘"可实现 SO_3 排放浓度低于 $5mg/m^3$。

（2）燃煤硫分在 1%～2.5%之间时，脱硫系统宜采用单塔湿法脱硫。

1）采用"静电除尘（袋式除尘）＋单塔湿法脱硫"的协同控制技术路线实现 20mg/m³ 排放限值要求。

2）采用"低低温静电除尘＋单塔湿法脱硫"或"静电除尘（袋式除尘）＋单塔湿法脱硫＋湿式电除尘"的协同控制技术路线实现 10mg/m³ 或 5mg/m³ 排放限值要求。

（3）燃煤硫分大于 2.5%时，可采用如下协同控制技术路线。

1）采用"低低温电除尘＋双塔湿法脱硫"或"静电除尘（袋式除尘）＋双塔湿法脱硫＋湿式电除尘"的协同控制技术路线实现 20mg/m³ 或 10mg/m³ 排放限值要求。

2）采用"低低温电除尘＋双塔湿法脱硫＋湿式电除尘"可实现 SO_3 排放浓度低于 5mg/m³。

3. W 型火焰炉

W 型火焰炉由于其独特的燃烧方式，炉膛出口 NO_x 浓度普遍较高，SCR 脱硝系统催化剂层数一般分为"3＋1"层，因此 SO_3 浓度相对较高。

（1）燃煤硫分低于 2.5%时，宜采用全流程协同控制技术实现 SO_3 排放浓度低于 20mg/m³ 或 10mg/m³。

（2）燃煤硫分高于 2.5%时，宜在合适位置采用碱基吸收剂喷射法耦合现有污染物治理装备实现 SO_3 限值排放。

第二章

氨（NH₃）

25. 火电厂烟气中氨的来源主要有哪些？

答：火电厂化石燃料燃烧过程中不会产生氨，有组织氨排放是人为添加引起。烟气中氨的来源以 SCR、SNCR 烟气脱硝装置为主，极少数机组氨来源还包括氨法脱硫设施。

SCR 烟气脱硝常用的还原剂主要为液氨、尿素和氨水。无论利用哪种作为还原剂，均需先制取氨气，然后通过喷氨装置将稀释后的氨气送入锅炉烟道，氨气与烟气混合后，在脱硝催化剂的作用下将烟气中的 NO_x 还原成 N_2，而未反应的氨离开 SCR 反应器便称作氨逃逸。火电机组烟气脱硝 90% 以上采用的是 SCR 技术，因此 SCR 烟气脱硝装置是火电厂烟气中氨排放的最主要来源。

SNCR 烟气脱硝的反应机理是将氨基还原剂喷入高温烟气后产生 NH_3，并与烟气中的 NO_x 反应生成 N_2 和 H_2O。常用的还原剂主要为氨水和尿素。SNCR 反应多余的氨直接进入锅炉尾部烟道，称作氨逃逸。SNCR 脱硝技术主要应用于循环流化床机组和 W 型锅炉，是火电厂氨排放的另一重要来源。

氨法脱硫是利用氨水脱除烟气中 SO_2 的湿法脱硫工艺，其特点是得到的副产物硫酸铵是一种性能优良的氮肥。该工艺在小型燃煤机组上有一定应用业绩。氨法脱硫的氨逃逸是氨、亚硫酸铵和硫酸铵三者的逃逸，其中以亚硫酸铵和硫酸铵等形式的气溶胶氨逃逸为主。

26. 关于氨的控制标准和指标要求有哪些？

答： 国内关于氨的控制标准分两类，一类为遏制氨来源的氨逃逸控制标准，另一类为监控氨排放水平的控制标准。

氨逃逸控制标准涵盖烟气脱硝系统和氨法烟气脱硫系统，具体相关标准及指标要求汇总见表 2-1。

表 2-1　　烟气脱硝系统和氨法烟气脱硫系统氨逃逸
控制相关标准及指标要求

标准	氨逃逸性能要求
GB/T 21509—2008《燃煤烟气脱硝技术装备》	SCR 氨逃逸浓度不大于 2.28mg/m³
HJ 562—2010《火电厂烟气脱硝工程技术规范 选择性催化还原法》	SCR 氨逃逸浓度宜小于 2.5mg/m³
DL/T 296—2023《火电厂烟气脱硝技术导则》	SCR 氨逃逸浓度宜不大于 2.3mg/m³；SNCR 氨逃逸浓度应小于 7.6mg/m³；SNCR-SCR 氨逃逸浓度应控制在 2.3mg/m³ 以下
DL/T 5480—2022《火力发电厂烟气脱硝设计技术规程》	SCR 氨逃逸浓度不宜大于 2.28mg/m³。SNCR 脱硝工艺的氨逃逸浓度宜不大于 8mg/m³。采用内置式 SNCR/SCR 联合脱硝工艺，氨逃逸浓度不宜大于 3.8mg/m³；采用外置式 SNCR/SCR 联合脱硝工艺，氨逃逸浓度不宜大于 2.28mg/m³
HJ 2001—2018《氨法烟气脱硫工程通用技术规范》	氨逃逸浓度小时均值应低于 3mg/m³
HJ 2301—2017《火电厂污染防治可行技术指南》	氨法脱硫出口氨逃逸浓度小于 2mg/m³；SCR 氨逃逸浓度不大于 2.5mg/m³；SNCR 氨逃逸浓度不大于 8mg/m³；SNCR-SCR 氨逃逸浓度不大于 3.8mg/m³

氨排放要求方面，GB 14554—1993《恶臭污染物排放标准》对固定源氨的排放具体要求见表 2-2。

表 2-2　　　　氨 的 排 放 标 准 值

排气筒高度（m）	排放速率（kg/h）	排气筒高度（m）	排放速率（kg/h）
15	4.9	35	27
20	8.7	40	35
25	14	60	75
30	20		

近年来，部分省市对氨排放作出了进一步的严格要求，其中适用于火电厂的如杭州市地方标准 DB 3301/T 0337—2021《固定污染源大气污染物综合排放标准》，其中规定大气污染物氨的最高允许排放浓度为 $8mg/m^3$，最高允许排放速率为 0.65kg/h。

27. 氨排放对大气环境的危害有哪些？

答： 据生态环境部统计，截至 2019 年底，我国完成烟气超低排放改造的燃煤机组装机容量达到 8.9 亿 kW，约占全国煤电总装机容量的 86%。随着烟气超低排放改造工程的全面实施，大部分烟气脱硝装置的脱硝效率提高到 85% 以上，脱硝效率达到 90% 的机组亦不少见。脱硝效率的提高必然引起氨氮比的增大和实际运行过程中氨逃逸的普遍升高。针对氨排放增多对大气环境危害的研究在近几年逐渐引起重视。

根据研究，一方面，烟气脱硝系统的氨逃逸与烟气中的 SO_3 反应生成亚微米级硫酸铵、硫酸氢铵，经过锅炉尾部环保设备未被捕集的硫酸氢铵或硫酸铵随烟气带出导致排出的烟气中 $PM_{2.5}$ 浓度增加；另一方面，脱硝系统的氨逃逸通过粉煤灰、脱硫废水等介质迁移外排并逐步释放，大部分最终以气态氨的形式排入大气。大气中的水吸收二氧化硫和二氧化氮后变成液相的亚硫酸和亚硝酸，在合适的氧化反应条件下，亚硫酸、亚硝酸就会转化成硫酸、硝酸，与大气中存在的氨发生中和反应，生成颗粒态的硫酸铵与硝酸铵。这些硫酸铵与硝酸铵颗粒物亦是 $PM_{2.5}$ 的重要组成部分。

28. SCR 烟气脱硝氨逃逸的影响因素有哪些？

答： SCR 烟气脱硝氨逃逸的影响因素众多，包括负荷变化、催化剂活性、速度场、氨氮摩尔比分布、温度场等。

（1）负荷变化。由于新能源具有随机性、波动性等特点，近年为提高电力系统对新能源的消纳能力、缓解弃风弃光问题，燃煤发电机组的灵活调节越发频繁。燃煤机组响应更快的变负荷速率和更高的负荷调节精度是新形势下火电行业面临的新常态。新形势下除满足机组各负荷工况的设备运行安全、协调控制系统稳定外，烟气脱硝设施变负荷工况下的运行状态亦不可忽视。为确保污染物 NO_x 稳定达标排放，各燃煤电厂在运行中一般快速增加或减少氨的供应量，还原剂的过量供给会造成氨逃逸的大幅上升。

（2）催化剂活性。催化剂活性主要通过影响脱硝反应速率来影响氨逃逸浓度。随着 SCR 脱硝系统运行时间的积累，催化剂磨损、中毒、烧结、堵塞等现象日益严重，导致催化剂活性整体下降，从而引起氨逃逸逐渐上升。催化剂活性下降是一个复杂的物理和化学过程，造成催化剂活性下降的因素很多，不同因素的作用机理不同，如磨损的主要原因是局部烟气流速过大，烧结是因为局部温度过高，中毒则是因为燃煤烟气中碱金属、碱土金属、重金属含量偏高。

（3）速度场。速度场主要指催化剂入口截面积内速度的分布状况。脱硝效率与烟气在催化剂通道内的停留时间有关，停留时间越长，脱硝效率越高。烟气在 SCR 反应器的设计空塔流速一般为 4.5～5.5m/s，催化剂通道内设计流速一般为 6～7m/s，远低于 SCR 反应器上游烟道。由竖直上升烟道进入 SCR 反应器经烟气转向和流通面积急速扩张，烟气流动易出现不均匀。部分区域流速高，烟气在催化剂内停留时间不足，脱硝效率下降，氨逃逸上升。

（4）氨氮摩尔比分布。氨氮摩尔比是指催化剂入口烟气中 NO_x 浓度体积分数和氨的体积分数之比，是影响脱硝效率的关键因素。受锅炉自身结构特点的影响，催化剂入口原烟气中 NO_x 浓度分布一般或大或小存在一定差异。而还原剂氨通过氨喷射系统的众多喷嘴进入原烟气系统，由于各喷嘴的运行状态、各分区还原剂氨的供给量和喷氨装置上游速度的不均匀性等多重因素叠加作用导致催化剂入口氨浓度分布不一致。局部区域呈现氨浓度偏高、NO_x 浓度偏低，此处对应氨氮摩尔比较大，还原剂氨的供应量相对过量，脱硝效率提高，但易引起氨逃逸偏高。局部区域出现氨浓度偏低、NO_x 浓度偏高，此处对应氨氮摩尔比较小，还原剂氨的供应量相对不足，脱硝效率下降，相应氨逃逸降低。因此工程设计中通常将首层催化剂入口氨氮摩尔比偏差控制在 5%以下，部分项目甚至按不超过 3%设计。

（5）温度场。钒基 SCR 催化剂的最佳温度窗口在 340℃～380℃之间。随着温度的降低，催化剂的活性下降。根据大量的现场测试结果统计来看，300MW 级机组 SCR 入口烟温最高点和最低点温差一般不超过 20℃，600MW 级及以上机组 SCR 入口烟气温度分布偏差一般相对增大，最高点和最低点的温差甚至可达 50℃以上。SCR 入口烟气温度分布的不均易引起各个区域内的催化剂活性差异，从而导致氨逃逸上升。

29. SNCR 烟气脱硝氨逃逸的影响因素有哪些？

答：SNCR 烟气脱硝氨逃逸的影响因素主要包括反应区温度、氨氮比、混合程度等。

（1）反应区温度。SNCR 烟气脱硝的还原剂主要为尿素和氨水。尿素的适合温度范围是 900℃～1150℃，而氨水脱硝反应温度窗口比尿素偏低 50℃～100℃。若烟气温度过高，还原剂容易被氧化成 NO_x，烟气中的 NO_x 含量不会减少，反而有所增加；若烟气温度过低，反应速度减慢，导致还原剂反应不充分，氨逃逸明显上升。因此，还原剂的喷入点应能保证还原剂始终进入炉膛内适宜的温度区。

（2）氨氮比。氨氮比即喷入炉内的氨与烟气中初始 NO_x 的摩尔比。由 SNCR 化学反应方程式可知，还原 $1molNO_x$ 理论上需要 1mol 氨或 0.5mol 尿素，但实际运行中喷入炉膛的还原剂量往往大幅高于理论值。在一定条件下，增加氨氮比会使系统脱硝效率显著上升，而脱硝效率也受烟气温度、停留时间和混合程度等多重因素制约，因此对于特定的烟气条件存在最优氨氮比。当氨氮比超过最优值后脱硝效率增加并不明显，反而会引起氨逃逸增加。

（3）混合程度。喷入的还原剂必须与烟气中 NO_x 混合均匀才能充分发挥选择性还原 NO_x 的效果，如果混合不到位，局部过量的氨会导致系统氨逃逸上升。

还原剂与烟气的混合主要靠喷射系统来实现。局部区域喷枪投运过多会导致局部区域还原剂供给过量、氨逃逸上升；雾化气体压力不足、喷枪雾化特性不佳等会导致还原剂雾化粒径分布不均匀、还原剂喷射速度下降、对烟气的穿透力降低、覆盖范围减少，引起脱硝系统还原剂耗量增大、氨逃逸上升。

30. 燃煤机组的氨逃逸沿程迁移规律是什么？

答： 由喷氨装置进入反应器的氨大部分通过脱硝反应转化为氮气和水蒸气，但由于内部流场的不均、催化剂性能的衰减以及化学反应的平衡原理，势必存在部分氨未参与脱硝反应，此即为氨逃逸。根据德国电厂运行经验，逃逸的氨约 20%的氨以硫酸盐形式黏附在空气预热器表面，约 80%进入电除尘器飞灰，少于 2%进入湿法脱硫溶液，少于 1%以气态形式随烟气排放。

由于燃煤硫分和超低排放技术路线的差异，国内部分研究人员针对具体机组 SCR 烟气脱硝系统氨逃逸在沿程不同装置出口烟气中的含量进行测试，以分析氨逃逸的迁移规律。总体来看，烟气流经空气预热器后大部分氨由气态转化为颗粒态，不同机组 SCR 烟气脱硝装置下游各设备对逃逸氨的脱除效果不尽相同，空气预热器对逃逸氨的捕获率为 11%～26%，除尘器对逃逸氨的捕获率为 38%～85%，脱硫装置对逃逸氨的捕获率为 5%～38%，通过烟囱排入大气的逃逸氨占总逃逸氨的比例小于 13%。

31. 烟气中氨的在线监测方法有哪些？

答： 氨逃逸在线监测方法根据测量原理主要有可调谐二极管激光光谱吸收法（tunable diode laser absorption spectroscopy，TDLAS）、催化转换法、化学发光法、傅里叶红外法、化学比色法等。

（1）TDLAS。TDLAS 是当前氨逃逸在线测量的主流方法，其基本原理是按照被测气体的波长调整激光束的波长与其相对应，待测气体遇到激光束时，会吸收激光束中相对应波长的部分能量，使其激光束衰减；被衰减的光能通过接收器进行测量，其大小与被测气体含量成比例关系；经过信号处理及标定，从而得出待测气体的含量。此方法具有测量范围广、非接触式测量、响应速度快、灵敏度高、抗干扰能力强等特点。

根据测量方式 TDLAS 又可分为以下三种，三种方式的对比见表 2-3。

1）原位对穿式。测量装置主要包括激光发射端、接收端和数据处理单元。激光发射单元与接收单元直接安装于烟道的两侧，通过调整发射模块，使激光直接穿过烟气后由接收单元进行探测，经光电转换后传输至分析仪的数据处理单元进行分析计算，完成测量。

2）抽取伴热式。测量装置由探头、伴热管线、NH_3 分析模块、数据显示模块等部分组成。与 CEMS 监测相似，利用采样探头将烟气抽取到烟道外部进行测量。

3）原位插入式。装置贴于烟道壁或在烟道内集成所有的高温采样、光学检测组件于一体，抽取过滤后的烟气直接进入多次反射检测池，检测后直接返回烟道。

表 2-3　　　　　　　　TDLAS 不同测量方式对比情况

序号	测试方法	优点	缺点
1	原位对穿式	（1）测量温度即为烟气温度。 （2）烟气成分和组分浓度不变	（1）烟道壁振动、启（停）机烟道变形经常导致发射和接收单元无法对准。 （2）烟气中粉尘含量高，镜头易附尘和磨损，透光率易出现异常，需经常清理、维护。 （3）无法对仪表进行原位标定。 （4）光程 2m，安装在斜角
2	抽取伴热式	（1）可对烟气中颗粒物进行过滤，可延长测量光程。 （2）可以对仪表进行自动标定	（1）抽取伴热温度远低于烟道中烟气温度。 （2）当伴热温度低于 300℃时，烟气中 NH_3、SO_3 和 H_2O 反应生成 NH_4HSO_4。 （3）氨气在管线表面具有较强的吸附能力，烟气成分发生变化
3	原位插入式	（1）无伴热管线。 （2）烟道振动无影响。 （3）可以对仪表进行自动标定。 （4）烟气温度和成分不变	（1）光程 2m，安装在近壁面。 （2）光学镜片内置于高温烟道内，易损坏

（2）催化转换法。样气抽取出来经预处理系统后分成两路样气，一路样气进入烟气分析仪用于测量 NO_x；另一路样气经过催化剂，把 NH_3 和 NO_x 在高温（350℃）下催化还原成 H_2O 和 N_2，转换后的样气进入 NO_x 分析仪中进行测量，与转换前的 NO_x 浓度比较，差值即为氨逃逸量产生的变化。

（3）化学发光法。化学发光法是利用化学反应产生光能发射，氮氧化物等化合物吸收化学能后被激发到激发态，在由激发态返回至基态时，以光量子的形式释放能量，通过测量化学发光强度对物质进行分析测定。样气经压缩空气按比例稀释后送入烟气分析仪分析后分成两部分样气进行分析：一部分样气中的 NH_3 和 NO_2 在 750℃的不锈钢转化炉内全部被氧化成了 NO，然后进入烟气分析仪测得总氮浓度；另一部分样气先经除氨预处理器得到不含氨的样气，除氨后的样气又分两路进行分析，一路经 325℃的

转化炉把 NO_2 还原成 NO，由分析仪测得 NO_x 浓度；另一路不经过任何转化进入分析仪，测得 NO 浓度，这两路的 NO 经过计算得出 NO_x 的总含量。两部分样气的 NO_x 的差值即为氨逃逸量。

（4）傅里叶红外法。傅里叶红外法主要是依据分子内部原子间的相互振动，不同的化学键或官能团振动能级从基态跃迁到激发态所需的能量不同，物理吸收不同的红外光，将在不同波长上出现吸收峰。

利用不同气体组分对红外光的吸收光谱特性，红外光源发出的光被分光器分为两束，一束经反射到达动镜，另一束经透射到达定镜。两束光分别经定镜和动镜反射再回到分光器，动镜以一恒定速度作直线运动，因而经分光器分光后的两束光形成光程差，产生干涉。干涉光在分光器会合后通过样品池，通过样品后含有样品信息的干涉光到达检测器，然后通过傅里叶变换对信号进行处理，最终得到透过率或吸光度随波数或波长的红外吸收光谱图。

（5）化学比色法。抽取的样气送至测量模块的吸收池，吸收池中稀硫酸吸收液将烟气中逃逸氨完全溶解吸收，在亚硝基铁氰化钠及次氯酸钠存在下，与水杨酸生成蓝绿色的靛酚蓝染料，根据着色深浅于 700nm 处比色定量测得吸收液中氨浓度，通过计算氨与样气体积比得到烟气中逃逸氨的浓度。

上述氨逃逸监测方法各有优缺点，催化转换法与化学比色法测量精度低，不适用于现场恶劣工况；化学发光法因转化率、样品处置难以精准控制，测量结果存在偏差；傅里叶红外法设备复杂、价格昂贵，多用于实验室分析检测；而基于 TDLAS 技术的产品相对安装简单、相对准确、实用性高，得到了广泛应用。

根据华电电科院对 230 余台机组的调研统计结果（见图 2-1、图 2-2），目前在用氨逃逸在线监测系统主要采用基于 TDLAS 技术的原位式激光氨逃逸分析方法，占比约 93%。

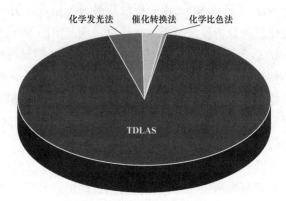

图 2-1 氨逃逸在线监测方法统计

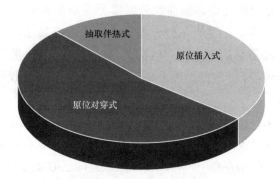

图 2-2 基于 TDLAS 测量原理的氨逃逸在
线监测系统不同测量方式统计

32. 烟气中的气态氨如何检测?

答: 根据 DL/T 260—2012《燃煤电厂烟气脱硝装置性能验收试验规范》的规定,烟气中气态氨的测定方法宜采用靛酚蓝分光光度法。其原理为抽取烟气中的氨,经稀硫酸吸收生成硫酸铵,含氨吸收液经过一系列预处理后采用分光光度法进行分析,在亚硝基铁氰化钠存在下,铵离子、水杨酸和次氯酸钠反应生成蓝色化合物,根据着色深浅,比色定量。

现场采样装置如图 2-3 所示。采用带伴热和过滤的采样管从烟道中抽取烟气，同时记录抽取烟气的体积。采样管深入烟道的深度至少达烟道直径的 $\frac{1}{3}$。烟道有漏风时，采样点与漏风的距离至少为烟道当量直径的 1.5 倍，达不到此要求应消除漏风。采样管前端的过滤材料应选用石英棉、无碱玻璃等不与烟气成分发生化学反应的材质，且耐温满足要求。采样管应采用不易被烟气腐蚀或不吸附烟气的玻璃管、石英管、不锈钢管和聚四氟乙烯树脂管等。为防止采样烟气中的水分发生冷凝，尽量缩短管道长度，必要时采取伴热措施确保采样管到吸收瓶间的管道温度不低于120℃。采气流量为 5～8L/min。在 SCR 出口和空气预热器出口采样结束后，用除盐水冲洗气路连接管，并将洗液与吸收液混合定容；在除尘器出口及其之后烟道位置采样结束后，用除盐水冲洗采样管和气路连接管，并将洗液与吸收液混合。采样过程中按网格法布点，并依据 GB/T 16157—1996《固定污染源排气中颗粒物测定与气态污染物采样方法》同时测试烟气流量等参数。

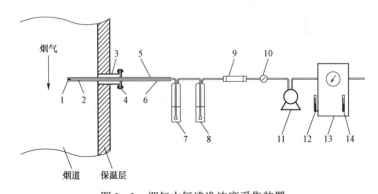

图 2-3 烟气中氨逃逸浓度采集装置

1—过滤材料；2—烟气采集管；3—测孔；4—法兰；5—加热器；
6—温度控制仪；7、8—吸收瓶；9—干燥器；10—流量调节阀；
11—采样泵；12—压力表；13—流量计；14—温度计

采样后通过化学分析结果计算出烟气中氨含量（质量），按式（2-1）计算出氨逃逸浓度。

$$C = 1.318 \times \frac{M_{NH_3}}{V_{NH_3}} \qquad (2-1)$$

式中：C 为氨逃逸浓度，μL/L；1.318 为氨体积折算系数，L/g；M_{NH_3} 为 SCR 出口烟气中氨含量（标态、干基、6%O_2），μg；V_{NH_3} 为抽取烟气体积（标态、干基、6%O_2），L。

华电电科院在 GB/T 14669—1993 和 DL/T 260—2012 标准的基础上开发了一套适用于现场使用的氨逃逸在线检测系统及装置，如图 2-4 与图 2-5 所示。该检测系统利用酸碱中和反应，氨气经过吸收和释放过程，在适当的 pH 值条件下，采用氨气敏电极检测吸收液捕集的氨含量，同时记录采样体积，通过计算得到烟气中氨逃逸浓度的变化，高效指导脱硝装置运行。

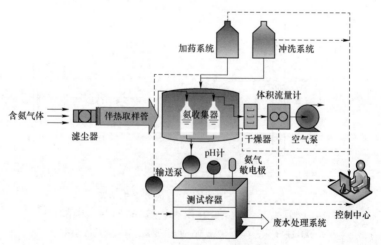

图 2-4　氨逃逸检测装置示意

图 2-5　氨逃逸检测装置现场

33. 飞灰中的氨如何检测？

答：飞灰中氨的分析检测依据 DL/T 1494—2016《燃煤锅炉飞灰中氨含量的测定离子色谱法》开展。具体操作为称取一定量飞灰，加入盐酸溶液混合后，常温下振荡或搅拌 1h，静置，取上层清液，过滤后用离子色谱检测铵离子，根据飞灰量和测得的铵离子浓度计算样品中的氨含量。

飞灰采样按照 GB/T 16157—1996《固定污染源排气中颗粒物测定与气态污染物采样方法》和 DL/T 414—2022《火电厂环境监测技术规范》布置采样点。飞灰采样采用烟道内过滤的方法，使用包含过滤介质的采样头，将颗粒物采样管由采样孔插入烟道中，利用等速采样原理抽取一定量的含颗粒物的废气，收集采样头捕集的颗粒物。若采用从除尘器灰斗中取样，为确保样品具有代表性，应根据各灰斗的卸灰量按相应比例取样，并采用四分法对样品进行缩分。样品应用自封袋密封保存，在 7 日内完成化验工作。

通过定期检测飞灰中氨浓度，能够对 SCR 烟气脱硝系统的氨逃逸情况进行间接的表征和跟踪，从而为控制脱硝系统的可靠高效运行提供依据，对机组的经济、安全运行起到支撑保障作用。

34. 脱硫废水中的氨如何检测？

答： 按照 HJ 494—2009《水质　采样技术指导》和 HJ/T 91—2002《地表水和污水监测技术规范》的相关规定，在脱硫废水处理系统出水口，按照瞬时采样的方法进行取样。水样采用聚乙烯瓶或硬质玻璃瓶盛放。若不能及时测定，应经配有孔径不大于 0.25μm 的醋酸纤维或聚乙烯滤膜的抽气过滤装置过滤，于 4℃以下冷藏、避光保存，保存时间不宜超过 2 天。

脱硫废水中氨含量的测定依据 HJ 812—2016《水质　可溶性阳离子（Li^+、Na^+、NH_4^+、K^+、Ca^{2+}、Mg^{2+}）的测定　离子色谱法》开展。基本原理为水质样品中的阳离子经阳离子色谱柱交换分离，抑制型或非抑制型电导检测器检测，根据保留时间定性，峰高或峰面积定量。

具体分析方法为制备铵离子标准储备液和混合标准使用液等试剂，选取离子色谱分析参考条件，利用不同浓度的混合标准使用液绘制标准曲线，样品稀释后按照与绘制标准曲线相同的色谱条件和步骤注入离子色谱仪测定铵离子浓度，并按照与绘制标准曲线相同的色谱条件和步骤进行空白试验，最后计算样品中铵离子的质量浓度，计算可按照式（2–2）进行。

$$\rho = \frac{h - h_0 - a}{b} f \qquad (2-2)$$

式中：ρ 为样品中 NH_4^+ 的质量浓度，mg/L；h 为试样中 NH_4^+ 的峰面积（或峰高）；h_0 为实验室空白试样中 NH_4^+ 的峰面积（或峰高）；a 为回归方程的截距；b 为回归方程的斜率；f 为样品稀释倍数。

35. 氨对 SCR 脱硝催化剂有什么影响?

答: 氨是 SCR 烟气脱硝工艺广泛采用的还原剂, 催化剂是 SCR 烟气脱硝的核心。燃煤锅炉烟气中的 SO_3 与 NH_3 和水蒸气反应会形成硫酸铵盐（硫酸铵和硫酸氢铵）。一般情况下, 烟气中 NH_3 的质量浓度远低于 SO_3 的质量浓度, 反应过程中生成的硫酸铵盐主要为硫酸氢铵。硫酸铵盐的生成率随反应物浓度的升高而增加, 相同温度下, SO_3 浓度的增加比 NH_3 浓度增加更能促进硫酸氢铵的生成; 而硫酸铵的生成因 NH_3 浓度增加而增加, 因 SO_3 浓度增加而减少。SCR 脱硝催化剂表面的硫酸铵盐主要为低温下催化剂附近气相主体中反应生成的硫酸氢铵凝结和沉积形成的, 催化剂的微孔结构、毛细凝聚作用及表面张力会影响硫酸氢铵的生成和沉积。催化剂丰富的孔隙结构会使硫酸氢铵的凝结明显受到毛细凝聚作用的影响, 因此催化剂微孔内的硫酸氢铵浓度远高于烟气中的硫酸氢铵浓度, 且催化剂孔隙中硫酸氢铵的凝结温度要高于气相中的凝结温度。另外, 催化剂表面硫酸氢铵的凝结和沉积还与烟气流速、烟气温度、颗粒物浓度等因素相关。

在熔点至沸点的温度区间内, 硫酸氢铵呈现熔融状态, 具有极强的黏附性。烟气中形成的硫酸铵盐会附着和沉积在催化剂表面, 堵塞催化剂的微孔结构, 覆盖催化剂表面的活性位点, 造成催化剂脱硝性能的减弱, 严重时可造成催化剂的不可逆失活。另外, 熔融状态的硫酸氢铵极易黏附烟气中的飞灰颗粒, 导致 SCR 催化剂积灰严重。钒钛系催化剂的温度窗口在 340℃~380℃之间, 正常情况下, 硫酸氢铵能在该温度下发生分解, 但硫酸氢铵沉积在催化剂表面后, 会与催化剂上的金属氧化物发生反应, 使其分解行为发生变化, 尤其当硫酸氢铵大量沉积时, 会形成 $(NH_4)_2TiO(SO_4)_2$ 晶体, 使分解变得更为困难。SCR 脱硝系统运行温度一般在 320~420℃, 由于分解行为发生变化, 该温度区间不足以完全分解沉积在催化剂上的硫酸铵盐, 长期运行后, 催化剂的脱硝性能会因硫酸铵盐的累积而严重下降。

36. 氨逃逸对空气预热器及其下游设备有什么影响?

答: 烟气脱硝过程中的逃逸氨与烟气中的 SO_3 或者 H_2SO_4 蒸气反应生成硫酸铵(AS)或硫酸氢铵(ABS),化学反应式见式(2-3)~式(2-6)。

$$NH_3 + SO_3 + H_2O \longrightarrow NH_4HSO_4 \qquad (2-3)$$

$$2NH_3 + SO_3 + H_2O \longrightarrow (NH_4)_2SO_4 \qquad (2-4)$$

$$SO_3 + H_2O \longrightarrow H_2SO_4 \qquad (2-5)$$

$$H_2SO_4 + NH_3 \longrightarrow NH_4HSO_4 \qquad (2-6)$$

AS 在 280℃以下会形成白色结晶性固体粉末,容易被空气预热器吹灰系统除去,基本不会对空气预热器造成影响。

通常情况下 ABS 的熔点温度为 147℃,沸点为 350℃。实际工程中,ABS 的形成受多重因素的影响,其形成温度随烟气中飞灰浓度、氨逃逸浓度、SO_3 浓度等指标的变化而有所不同,无法完全确定,变化范围为 190~240℃。结合 ABS 的理论熔点温度,ABS 在 147~240℃温度范围内均可能呈液体状态,具有高黏性。该温度区间处于空气预热器中低温段。沉积在空气预热器中低温段换热元件表面的液相 ABS 会不断黏附烟气中的飞灰颗粒(见图 2-6),导致换热元件间通道变小,空气预热器差压上升,增加引风机电耗,甚至造成机组负荷受限。同时 ABS 黏附飞灰沉积于空气预热器内,会削弱空气预热器换热元件的换热能力,造成排烟温度升高,降低锅炉热效率。另外,由于 ABS 具有很强的腐蚀性,可对空气预热器中低温段换热元件及其支撑框架造成腐蚀,影响设备使用寿命。此外,空气预热器堵塞会造成锅炉送风系统、一次风系统阻力上升,送风机和一次风机电耗增加,同时可能引起炉膛负压剧烈波动,对锅炉燃烧控制造成不利影响。

若采用电除尘器，ABS 进一步进入下游，会引起电除尘器极线积灰，阴极线和阳极板之间积灰严重会产生搭桥现象，造成电除尘器部分电场退出运行。若采用袋式除尘器，ABS 进一步进入下游，可能发生糊袋现象，造成布袋除尘器阻力增加，从而导致烟风系统阻力上升，引风机电流上升，机组能耗上升。

图 2-6　氨逃逸导致空气预热器堵塞、除尘器积灰

37. 氨逃逸对飞灰和石膏品质有什么影响？

答：锅炉脱硝系统逃逸的氨会与烟气中的 SO_3 反应生成硫酸氢铵或硫酸铵。硫酸氢铵可以吸附在飞灰上，硫酸铵在 280℃ 以下以白色颗粒物存在于烟气中，而烟气中的气态游离氨可以被飞灰吸附。吸附有硫酸氢铵和气态游离氨的飞灰、硫酸铵颗粒物可被除尘器捕集，作为粉煤灰进行综合利用。目前在建筑方面的应用约占粉煤灰综合利用的 80%，其他精细化利用较少。

2021 年 11 月 1 日，GB/T 39701—2020《粉煤灰中铵离子含量的限量及检验方法》正式实施，规定粉煤灰作为水泥混合材、砂浆和混凝土掺和料时铵离子含量不大于 210mg/kg。当粉煤灰作为水泥掺和料，其氨含量过高会导致水泥安定性不合格，对水泥凝结时间、水泥胶砂强度、水泥稠度影响不明显。若粉煤灰用于砂浆拌合物，过高的氨含量会造成砂浆含气量和抗冻性能降低。若粉煤灰作为混凝土掺合料，随着氨含量增加，混凝土初始含气量微增，抗冻性能和抗渗性能微降，而对混凝土凝结时间、抗压强度、劈拉强度影响不大。

经除尘处理后的燃煤烟气进入脱硫系统，其带入的氨主要分为两部分：未被脱除的飞灰吸附的游离氨及硫酸氢铵，以及烟气中未被飞灰吸附的氨。由于氨或铵盐易溶于水，经浆液循环泵喷淋吸收后带入脱硫吸收塔浆液中，铵盐逐渐在吸收塔浆液中累积，随石膏浆液排出后经脱水析出。石膏主要用于建材行业，析出的铵盐可能会分解释放氨气，对环境造成一定影响。

38. 逃逸氨在脱硫废水处理过程中的迁移情况是怎样的？

答：湿法脱硫是燃煤电厂烟气净化处理的重要一环。烟气脱硝装置的逃逸氨经过空气预热器和除尘器等设备，大部分均被脱除，剩余的逃逸氨随烟气进入脱硫塔，部分被喷淋的石灰石 - 石膏浆液吸收转化为 NH_4^+。随着脱硫浆液的不断循环，溶解在浆液中 NH_4^+、重金属、Cl^- 等逐渐富集浓缩，达到一定程度后被排出脱硫塔，最终通过旋流分离器分离形成脱硫废水。

脱硫废水的处理工艺主要有物化法、蒸汽热源蒸发和烟气余热蒸发三种。

常规脱硫废水处理工艺主要采用物化法，通过化学沉淀絮凝澄清分离重金属和可沉淀的盐类。该工艺经三联箱加入石灰乳、有机硫和絮凝剂等，将脱硫废水的 pH 值控制在 6～9 范围内，使重金属离子以氢氧化物和硫化物的形式沉淀，再经澄清池进行沉淀物和水分离。沉淀物经压滤机进行脱水，泥饼外运，滤液回送循环处理。含氨氮的脱硫废水在处理过程中 pH 值不高，废水中的氨通常会以水合氨和铵离子的形态共存于溶液中，不会挥发逃逸到环境中造成大气污染。

蒸汽热源蒸发采用蒸汽作为热源，利用蒸发结晶器，将末端脱硫废水进一步蒸发浓缩，析出固体盐分。蒸汽热源蒸发主要包括降膜蒸发和强制循环蒸发两种工艺。由于脱硫废水易结垢、易污堵，根据工艺对进水的水质要求，需先对脱硫废水进行必要的软化处理，在此过程中需将脱硫废水 pH 值调整到 10~11。由于脱硫废水中 pH 值升高，铵离子的摩尔分数将下降，部分转化为氨气，逃逸到空气中，造成大气污染。

烟气余热蒸发根据脱硫废水喷入位置可分为两种：① 将末端脱硫废水雾化后喷入除尘器入口前烟道内，利用烟气余热将雾化后的废水蒸发。雾化后的废水蒸发后以水蒸气的形式进入脱硫吸收塔内循环利用，废水中的溶解性盐在废水蒸发过程中结晶析出，并随烟气中的灰一起在除尘器中被捕集。② 设置旁路烟道，引部分空气预热器入口前高温烟气（温度 300~400℃）作为热源进入旁路烟道。末端脱硫废水通过输送泵进入旁路烟道，在雾化喷嘴作用下雾化成细小液滴，并在高温烟气的加热作用下快速蒸发。高温烟气将废水蒸发后温度降低并进入除尘器。在高温烟气的加热蒸发过程中，部分铵盐随烟气中的飞灰被除尘器捕集，部分铵盐受热分解产生氨气，重新进入烟气。氨气或铵盐随烟气再次进入脱硫塔被浆液洗涤吸收，部分又回到脱硫废水中，从而形成内循环，部分随脱硫净烟气排入大气。

39. 如何从流场优化角度降低氨排放？

答：从流场优化角度降低氨排放的措施主要有速度场优化和烟气混合优化。

烟气进入催化剂时必须保持合理的流速，如果烟气流速过高，容易造成催化剂的冲蚀和磨损，同时会缩短烟气在脱硝反应器内的停留时间；烟气速度过低，则容易造成催化剂积灰和堵塞，最终均会影响催化剂的寿命和脱硝性能。此外，喷氨格栅上游烟气流速的均匀性对烟气中 NO_x 与氨的均匀混合也有一定影响。因此，保证烟气流速在喷氨格栅上游和催化剂入口均匀分布是控制氨排放的措施之一。如图 2-7 所示，速度场优化主要在于导流板。导流板的设计要结合反应器的结构特点。导流板不仅可以改进反应器的速度场，同时可以对 NO_x 和氨的均匀混合产生积极影响。对导流板的优化研究主要集中在烟道转向和变截面处，主要是因为烟气经过弯道时受到离心力的作用偏向远离弯道圆心的方向、经过变截面时受到惯性作用偏向远离扩张的部位，从而导致下游速度分布均匀性变差。

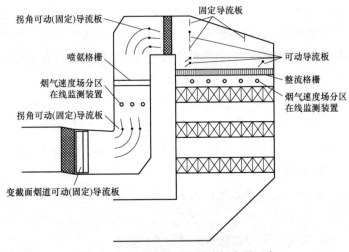

图 2-7　SCR 流场调整导流板布置示意

　　烟气中氮氧化物和还原剂的均匀混合也是控制氨排放的措施之一。若催化剂入口氨氮摩尔比分布不均匀，氨氮摩尔比低的区域氮氧化物反应不足，脱硝效率降低；氨氮摩尔比高的区域还原剂供给过量，氨逃逸浓度增大。烟气和还原剂氨的混合主要靠喷氨混合装置来完成，氨、空气混合物在烟气的自然湍流或静态混合器的扰流作用下实现均匀混合。合理设计喷氨装置的喷嘴面密度、喷嘴直径、喷氨角度、喷射速度和喷嘴分布型式，混合装置的叶片型式、叶片数目、叶片尺寸和空间分布，混合装置与喷氨装置的匹配等，对于加强还原剂氨与烟气中 NO_x 的混合效果和控制氨逃逸产生积极作用。

40. 如何通过喷氨优化调整试验来降低氨排放？

答： 喷氨优化调整试验必须逐步进行，试验流程见表 2-4。试验一般应在锅炉常规运行负荷条件下开展，主要包括以下内容：

表 2-4　　　　　喷氨优化调整试验流程

序号	项目	内容
1	调整前摸底测试	进、出口 NO_x 浓度场分布，出口逃逸氨分布
2	喷氨系统优化调整	锅炉常规运行负荷点进行喷氨蝶阀开度优化调整试验
3	调整后对比测试	对进、出口 NO_x 浓度场分布及出口逃逸氨分布与摸底试验结果进行对比
4	其他负荷验证	在其他负荷工况下进行验证性调整

（1）试调喷氨阀。通过试调喷氨支管阀门的开度，初步掌握阀门的调节特性，了解阀门灵敏的开度范围。

（2）管间粗调。在试调的基础上对整个反应器喷氨截面上的各喷氨支管进行大幅度调节，降低截面上的高峰值和低谷值。经过 3~5 轮左右的粗调后，基本可实现截面层次上均匀。

（3）深度方向上细调。需在熟悉氨阀特性和粗调均匀的基础上，对每个烟气测孔不同深度喷氨支管进行微调，使深度方向上各点浓度接近。判定优化效果的标准一般是脱硝反应器出口 NO_x 浓度分布偏差小于±15%。

（4）在常规负荷外开展其他负荷条件下的复核，适当兼顾其他负荷条件下的运行效果。

如图 2-8 所示，某典型 SCR 脱硝喷氨优化试验结果表明，喷氨优化前后反应器出口 NO$_x$ 浓度分布偏差分别由 44.5%与 27.5%降至 10.1%与 12.7%，在脱硝效率略有上升的基础上，氨逃逸浓度有所下降，达到了良好的脱硝运行优化效果。

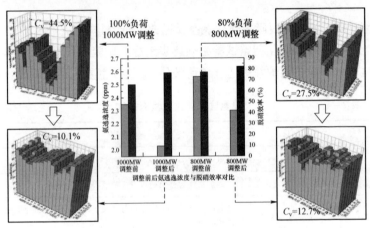

图 2-8　某典型 SCR 脱硝喷氨优化试验结果

需要特别说明的是，喷氨优化技术服务仅能解决 SCR 脱硝装置因喷氨不均匀或程度较轻的流场不均匀问题，对于脱硝装置流场设计存在重大缺陷或反应器内催化剂存在大面积堵塞、磨损等问题的项目，仅依靠喷氨优化技术服务是无法达到恢复性能保证值效果的，此时需要根据喷氨优化技术服务结果进行进一步的运行诊断及停机检查技术服务工作，在此基础上制定针对性的流场改造或催化剂管理技术方案。

41. 如何通过控制喷氨总量降低氨排放？

答：如图 2-9 所示，通过分析 SCR 脱硝系统运行参数间的关系，经过关键因素分析和识别研究，得到影响 NO_x 生成及脱除的主要物理参数，筛选影响 NO_x 生成的关键运行参数，将其作为模型计算的输入变量，以入口 NO_x 浓度作为输出变量，经过反复训练，不断通过实际仪表测量值修正 NO_x 浓度预测值，最终得到入口 NO_x 浓度的模型输出数据，与实测数据的误差在可接受的范围内，实现氮氧化物排放浓度智能预测及 SCR 喷氨系统的自适应控制。

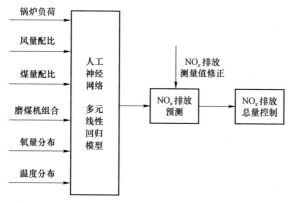

图 2-9 喷氨总量控制示意

入口 NO_x 前馈预测模型是由反向误差前馈网络构建而成，通过拟合影响因素，即输入变量与输出变量间的对应关系，并通过入口 NO_x 浓度的硬测量值对输出的软测量值进行修正拟合，从而获得准确、及时的软测量值。通过入口 NO_x 软测量技术，预测入口 NO_x 的浓度，作为喷氨前馈的重要参数，并加入喷氨总量的闭环控制中，有效降低入口 NO_x 仪表测量的滞后问题，同时积累测试数据，自动分析学习，逐步达到锅炉负荷及燃烧变化时快速判断调整的目的，实现 SCR 脱硝系统喷氨总量的精细化控制，从而有效降低氨排放。

42. 如何从喷氨优化角度降低氨排放？

答：从喷氨优化角度，降低氨排放的措施主要有喷氨优化调整试验和分区精准喷氨两种方式。

实际运行过程中，随着时间的推移，锅炉的入炉煤质或多或少存在一定程度的改变，SCR 催化剂各模块的性能出现不同程度的衰减，长久固定的喷氨格栅蝶阀开度不利于挖掘脱硝装置的最大潜能。喷氨系统优化调整试验先进行反应器宽度方向粗调，再进行反应器深度方向细调，使各支管氨流量重新分配，以实现各区域供氨量与 NO_x 通量的良好匹配，是降低脱硝出口氨逃逸浓度的有效手段之一。

针对锅炉负荷和入炉煤质变化频繁而杂乱的机组，分区精准喷氨控制是被进一步广泛采用且行之有效的方法。SCR 分区精准喷氨控制系统主要分为三大部分：先进测量系统、分区执行机构和先进控制系统。其中，先进测量系统包括 NO_x/O_2 分区测量系统、SCR 出口 NO_x/O_2 浓度混合测量系统、SCR 入口 NO_x/O_2 浓度混合测量系统；分区执行机构是指喷氨格栅分区自动控制装置，将 SCR 脱硝装置沿烟道宽度方向按烟气流场分布情况分为若干独立区域，每个区域烟道入口设置一组自动调节阀，用于分区喷氨量自动调整；先进控制系统包括喷氨总量先进控制系统、喷氨格栅均衡分区精准喷氨控制系统。

（1）先进测量系统。NO_x/O_2 分区测量系统是指 SCR 出口设置的全截面烟气取样系统。该系统将 SCR 出口烟道沿宽度方向截面根据烟气流场分布分成若干区，分区数量与 SCR 入口烟道喷氨格栅分区数量一致。一般在每个分区内布置一套多点混合取样系统（烟道深度方向不少于 3 点），实现每个分区的烟气混合取样及在线测量。

SCR 出口 NO_x/O_2 浓度混合测量系统与 SCR 入口 NO_x/O_2 浓度混合测量系统指在 SCR 入、出口烟道截面增加 NO_x/O_2 浓度混合取样（网格法）在线实时监测系统，用于解决 SCR 出、入口浓度 NO_x 测量代表性不佳的问题，提升喷氨总量控制效果。

（2）分区执行机构。执行机构为喷氨格栅分区自动调节阀，将所有喷氨支管按分区数量组合分配后，每组喷氨支管增加一个分区小母管，并在分区小母管上加装一套自动控制调节阀，实现区域独立化控制。

如图 2-10 和图 2-11 所示，通过增加分区自动调节阀可实现喷氨系统两级自动调整，即每侧 SCR 反应器可整体调节控制喷氨总量，不同的区域也可以实现局部的精细化喷氨调节。配合经验丰富的喷氨优化调整试验，可精准定位分区手动调节阀门开度，实现分区喷氨量与烟气中氮氧化物含量的精准匹配。

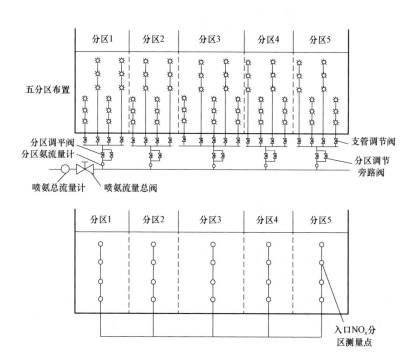

图 2-10 分区喷氨示意

图 2-11　某 300MW 机组 SCR 烟气脱硝分区精准喷氨现场

（3）先进控制系统。该系统采用基于历史数据分析的智能喷氨格栅均衡控制算法。喷氨格栅均衡控制算法考虑 SCR 出口 NO_x 浓度的实时测量数据，同时结合 SCR 出口 NO_x 浓度的历史数据，提出基于喷氨扩散模型、催化剂性能场模型的最佳的出口 NO_x 浓度均衡控制模型。优化服务器将均衡控制算法得到的控制策略通过以太网通信方式传输给分散控制系统（DCS），由 DCS 系统发出喷氨格栅各分区自动调节阀的开度调节指令。

43. 如何通过出口 NO_x 浓度前馈降低氨排放？

答：如图 2-12 所示，出口 NO_x 浓度前馈控制策略包括 DMC 控制器与 PID 控制器，其中 DMC 控制器是主控制器，用于控制大滞后的 SCR 脱硝系统；PID 控制器是副控制器，用于调节阀门开度。通过前馈控制和反馈校正，使出口 NO_x 浓度实际值符合设定值要求，从而达到最佳喷氨量。

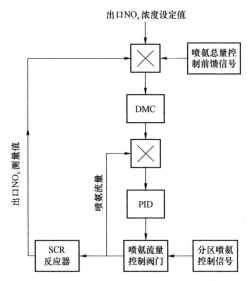

图 2-12　基于出口 NO_x 前馈的控制示意

根据烟气流量、进口 NO_x 浓度和出口 NO_x 浓度设定值，计算 NO_x 的脱除量，从而获得喷氨总量的前馈信号，将前馈信号和出口 NO_x 浓度设定值和出口 NO_x 浓度测量值作为主控制器的设定值，从而获得反馈后的喷氨总量，同时将反馈后的喷氨总量作为副控制器的设定值，并与喷氨总量测量值的偏差经 PID 运算后生成指令，调节各分区喷氨调节阀，从而将出口 NO_x 浓度转化为阀门开度信号，快速响应机组负荷的变化。

44. 如何从催化剂全寿命管理角度控制氨逃逸？

答： SCR 烟气脱硝技术的核心是催化剂，催化剂质量的优劣和性能的衰减直接影响系统的脱硝效率和氨逃逸，因此加强新催化剂的检测评价和对运行中催化剂的定期抽检对于控制脱硝系统氨逃逸大有裨益。

新催化剂的检测评价是依据国家标准、行业规范或者企业标准等对催化剂的理化特性和工艺特性指标进行分析，将催化剂各

65

指标与相关标准或技术协议的规定进行比较和分析，得出综合评价结果，可有效确保新装催化剂的性能。

SCR 脱硝催化剂在投运后受运行时间和运行条件（如飞灰堵塞、冲蚀、高温烧结、化学中毒等）影响，其性能水平会逐渐下降，且性能衰减程度受煤种变化程度、运行控制手段、实际烟气参数分布和催化剂堵塞等因素的综合影响，实际的催化剂活性衰减变化趋势与理论曲线往往存在一定的偏差。在保证相同脱硝效率的情况下，SCR 脱硝催化剂活性衰减将直接导致脱硝系统喷氨量增大，从而引起氨逃逸浓度升高。运行中催化剂的定期抽检，是通过检测来分析对比不同时间段运行中催化剂相对于新鲜催化剂的性能变化，将性能衰减趋势曲线与理论衰减曲线进行对比，可对催化剂的寿命预测提供依据，以指导催化剂更换计划的及时制订，避免催化剂超期服役。华电电科院 SCR 脱硝催化剂全寿命管理模式如图 2-13 所示。

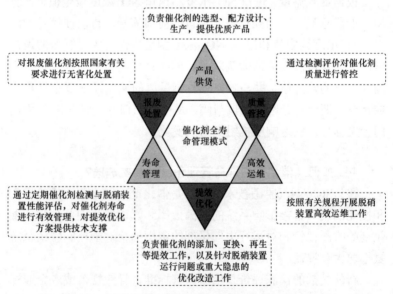

图 2-13　华电电科院 SCR 脱硝催化剂全寿命管理模式

45. 如何从空气预热器改造角度减轻氨逃逸的影响？

答： 改造空气预热器以减轻氨逃逸影响的思路主要有两种：一种是通过减少烟气换热量以提高排烟温度来降低腐蚀，其方法为提高空气预热器进风温度，从而降低其在空气预热器中的吸热量，进而使空气预热器出口烟气温度提高，实现提高空气预热器蓄热元件壁面温度、减少 ABS 沉积的目的；另一种是对空气预热器本体进行改造，采用耐腐蚀的材质。根据以上两种思路，目前主要改造方案如下。

（1）热风循环改造。热风循环是将空气预热器出口的部分热风引至空气预热器入口，并与入口低温冷风混合，从而使进口风温提升。两种典型的热风循环系统如图 2-14 所示。

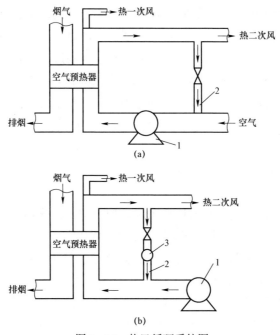

图 2-14　热风循环系统图
（a）系统一；（b）系统二
1—送风机；2—循环风管道；3—循环风风机

系统一中热风循环管道与送风机进口管道连接，依靠送风机进口形成的负压抽吸作用使部分热风循环回来与入口冷空气混合，从而提高进口空气温度，循环风量由循环管道上的调节门调节。系统二中热风循环管道上安装有循环风风机，风机出口与送风机出口管道连接，通过循环风风机增压使部分热风循环回来与空气预热器入口冷空气混合，从而提高进口空气温度。热风循环一般只能将进口空气温度提高 50～65℃，再提高不但使排烟温度过高，而且会显著增加风机电能消耗。

（2）空气预热器本体改造。空气预热器本体改造包括三个方面：① 将空气预热器由三段式改为两段式，同时将低温段换热元件高度增加至 800～1200mm，以保证 ABS 凝结和沉积区域不超过冷段范围。② 将空气预热器换热元件的波形由斜波纹改为竖直波纹，便于 ABS 携带飞灰通过，同时可有效去除已黏附在换热元件上的 ABS。考虑液态 ABS 能轻易进入普通金属薄板的表面气孔中形成腐蚀，冷端换热面改用镀搪瓷换热元件。③ 对空气预热器现有吹灰系统进行改造，在空气预热器热端配置蒸汽吹灰器，在空气预热器冷端增设双介质（蒸汽+高压水）吹灰器。

此外从运行控制角度减轻 SCR 氨逃逸造成的影响可从以下两方面进行：

1）优化空气预热器运行工况。加强空气预热器吹灰，如空气预热器吹灰蒸汽压力一般为 2.0MPa，优化空气预热器吹灰压力及频次，必要时提高蒸汽压力至 2.5MPa。应特别注意，吹灰蒸汽必须保持必要的过热度。

2）其他优化措施。① 充分利用空气预热器低温段的双介质吹灰器。空气预热器堵塞不严重时采用蒸汽正常吹灰，堵塞严重时采用高压水进行在线冲洗。② 根据 ABS 气化温度，通过在线减少空气预热器进风量提高空气预热器温度，将液态 ABS 气化，同时通过空气预热器自身配置的吹灰系统吹扫积灰，减轻 ABS 堵塞。③ 硫酸氢铵易溶于水，当机组停运时，可吊出空气预热器转子进行外部高压冲洗。

46. 从运行检修角度如何控制氨逃逸、减轻氨逃逸的影响？

答：在脱硝设备运行检修过程中，控制氨逃逸主要通过以下手段来实现。

（1）反应器内部清灰。催化剂积灰、堵塞一方面会阻碍 NO_x、NH_3、O_2 到达催化剂活性表面，引起脱硝效率下降、氨逃逸上升；另一方面会扰乱反应器内部流场，造成催化剂入口流速分布不均，流速较低区域更易积灰，流速较高区域容易导致局部催化剂模块磨损加剧甚至发生催化剂磨穿、坍塌，严重影响催化剂的使用寿命。因此脱硝设备运行过程中需保持声波吹灰器的频次，蒸汽吹灰器至少每周吹扫一次；停机检修时，及时清除催化剂的表面积灰，尤其是大颗粒灰。

（2）催化剂更换。烟气中的飞灰撞击催化剂表面导致催化剂磨损，引起催化剂活性成分流失，化学寿命下降。同时，磨损也会造成催化剂机械强度下降，引起蜂窝式催化剂的断裂；部分燃煤烟气飞灰中含有碱金属（如钠、钾等）、碱土金属（如钙、镁）、磷和砷，其会在催化剂活性位上发生强烈的化学吸附或者化学反应，从而导致催化剂活性位的反应能力下降、性能减退。催化剂性能的衰减直接导致脱硝性能的下降和氨逃逸浓度增大。因此，应对磨损、中毒、堵塞及化学寿命到期的催化剂进行及时更换，以保证催化剂的活性。

（3）喷氨装置检修。喷氨装置是实现脱硝各分区还原剂供给量与烟气中 NO_x 含量匹配的关键设备，供氨支管堵塞及喷氨喷嘴堵塞、脱落会导致反应器局部供氨严重不足，系统整体还原剂耗量上升。因此，对喷氨装置支管和喷嘴予以疏通、清理和修复，可改善初始还原剂浓度分布，降低系统氨逃逸。

（4）喷枪检修。SNCR 脱硝采用多种不同角度、不同位置的喷枪，通过多点喷射和尿素溶液雾化，扩大还原剂的初始覆盖面积，实现尿素溶液与烟气的均匀混合。喷枪的喷孔堵塞、头部磨损，导致雾化效果变差，混合均匀度降低，还原剂耗量上升，氨逃逸浓度增大。喷枪堵塞时，清理雾化空气过滤器，确认喷枪头部表面有无固体残留物，并用钢丝将喷枪头部的喷孔疏通，或将喷枪完全置于热水中浸泡，直至喷枪可以顺畅地通过流体，若不然则考虑更换新的喷枪。

（5）运行温度调整。通过调整锅炉运行方式，如运行氧量、燃烧器摆角、配风方式、磨煤机组合方式等来减少锅炉炉膛内的换热量，使催化剂入口烟温高于催化剂最低连续运行烟温。调整锅炉前、后烟井挡板门开度，尤其是低负荷运行工况，以避免催化剂入口出现局部烟温过低现象。

第三章

汞（Hg）

47. 汞污染来源情况是怎样的？

答：汞，又称水银，英文为 Hydrargyrum，元素符号为 Hg，居化学元素周期表第 80 位，原子量为 200.6，密度为 13.59g/cm³，化学价态有零价、+1 价和+2 价。汞是一种惰性金属，不溶于还原性酸和碱，溶于氧化性酸，常温下是银白色闪亮的重质液体，并伴有蒸发，是常温常压下唯一的液态金属。汞是一种稀有、剧毒、非必需元素，在自然界中分布广泛。世界汞矿资源量约 70 万 t，我国汞矿保有储量 8.14 万 t，居世界第三位。汞矿按矿石工业类型主要分为单汞、汞铀、汞锑、汞硒、汞金及汞多金属等。汞矿床主要类型为碳酸盐型，占汞矿床储量的 90%。汞在自然界呈 Hg^0 或 Hg^{2+} 的离子化合物存在，具有强烈的亲硫性。

汞污染排放源可分为自然源和人为源，自然源主要指由地质变化、地壳海洋运动等引起的汞排放；人为源主要指由化石燃料利用、矿物开采及含汞产品使用等引起的汞排放。人类活动引起的汞污染物排放中，燃煤电站的煤燃烧是汞污染物排放的主要来源之一，以汞及其化合物的形式排放，其排放的汞占化石燃料利用排放汞的 55%、占人为源排放汞的 40%，被联合国环境规划署称为最大的人为汞污染源。近三十多年来，汞污染源排放受到国内外广泛关注。

燃煤电站的汞污染物来源于动力用煤，而动力用煤来源于煤矿开采。由于不同成煤时期的沉积环境不同，不同煤化程度的煤中汞的含量差异较大，且煤中汞含量与煤化程度正相关。煤中汞赋存形态复杂多样，高硫煤中的汞以化合态的形式主要赋存在黄铁矿（FeS_2）中，低硫煤中的汞主要以有机汞和汞-硫系化合物形式存在。根据国内外研究数据，我国煤中汞含量平均值为 0.2mg/kg，美国煤中汞含量平均值为 0.17mg/kg，澳大利亚煤中汞含量平均值为 0.06mg/kg，世界煤中汞含量平均值为 0.10mg/kg。

48. 燃煤电厂重金属汞排放的危害有哪些？

答： 重金属汞广泛存在于自然界中，是一种具有强烈神经毒性、生物放大作用、在生物链中具有永久累积性的有毒物质，具有持久性、易迁移性和生物富集性，其危害在食物链的顶端最为严重。汞排放不仅会污染空气，还会通过各种环境界面的交换向水、土壤迁移，对生态环境和人体健康产生危害。单质汞毒性相对较小，但有机汞的毒性非常高，环境中的汞均存在转化为剧毒的甲基汞的可能性风险。自然界中的汞通过动植物的生命活动富集，最终进入人体。当人体中血汞浓度累积到一定程度，就会使人体产生相关性病变，危害神经系统。对易感人群如孕妇、乳母和婴幼儿等，摄入汞污染严重的食物可能导致胎儿、新生儿和婴幼儿的神经系统受损，尤其是甲基汞可以通过消化道吸收并通过血液输送到全身，胎儿的血脑屏障也不能阻止甲基汞到达脑部，从而危害神经中枢。由于汞具有长距离、跨界面污染的特性，被联合国环境规划署列为全球性污染物，是除了温室气体外唯一一种产生全球污染影响的化学物质。

燃煤电厂的汞污染来源于煤燃烧，燃烧过程中煤中的汞主要转化为气态汞、液态汞和固态汞。气态汞指以蒸气形态随烟气迁移、最终随烟气排放的汞及其化合物；液态汞指在锅炉湿式排渣、除尘器湿式输灰、烟气湿法脱硫和烟气湿式除尘过程中转移到废水中随废水迁移的汞及其化合物；固态汞指在锅炉排渣、烟气除尘和烟气湿法脱硫过程中残留于固态副产物和外排颗粒物中的汞及其化合物。燃煤电厂汞及其化合物的排放危害主要有三个特点：① 汞污染来源种类众多，涉及多种环境介质；② 汞在环境中可通过大气和河流（洋流）两种介质传输，其长距离传输和远距离沉降特征使得汞的局地排放可能造成跨界污染，成为区域性问题，甚至对整个环境造成影响，成为全球问题；③ 汞能在一个微小剂量下对人体健康造成损害，并且会通过微生物对环境造成损害，汞污染的持久性以及生物累积性和生物扩大性使得汞对环境和人体健康具有很大影响。全球典型汞污染引起的历史事件见表 3-1。

表 3-1　　　　　全球典型汞污染引起的历史事件

时间	地点	事件	涉事人数（人）
1950～1996 年	日本	水俣事件：甲基汞中毒引发水俣病	8124
1972 年	伊拉克	食物中毒：食用被汞拌过的种子制成的面包	6530
1990 年	瑞典	汞产品释放：使用汞齐作牙科填充材料，人体排泄和尸体火葬时汞释放	850 万
1997 年	西班牙	汞矿开采：最高时汞流量达 0.5kg/h，相当当时全球人为排放率的 0.1%	—
1997 年	巴西	黄金开采：用汞齐法提取黄金，黄金开采排放到大气中的汞约为78t，超过了巴西当年汞排放量的 67%	—
2004 年	中国	食物摄入：舟山地区新生儿脐带血汞和母发汞的水平低于法罗群岛等以鱼类为主要食物来源的地区，但高于美国、加拿大魁北克和我国非食鱼为主的地区	—

49. 煤燃烧过程中重金属汞的转化过程是怎样的？

答：煤中汞及其化合物具有热力不稳定性，当煤燃烧温度达到 600℃以上时，大部分汞及其化合物从煤中挥发出来；当燃烧温度超过 750℃时，汞几乎全部以零价汞（Hg^0）形式存在于烟气中，温度越高，煤中汞挥发越完全，炉渣中的汞残留量不足 2%。随着烟气在流动过程中逐渐降温，且在烟气净化设备的协同作用下，烟囱出口的 Hg^0 转化成的汞及其化合物包括二价汞（Hg^{2+}）、颗粒汞（Hg^p）和残余零价汞。

Hg^0 随烟气进入 SCR 脱硝装置时，在钒钛脱硝催化剂的作用下被催化氧化生成 Hg^{2+}，特别是近年来开发的新型脱硝催化剂中添加了 Cu、Cr、Mn 等金属化合物，有效提高了脱硝催化剂的汞氧化率。在高温条件下，烟气中的氯元素、氧元素、硫酸根等氧化物也能将 Hg^0 有效氧化为 Hg^{2+}。当烟气温度在 100℃～300℃时，汞在飞灰和细颗粒物的作用下发生多相催化氧化反应，Hg^{2+} 因水溶性高、挥发性低的特性，容易与飞灰、氯离子、硫酸根离子等发生物理化学吸附形成 Hg^p，烟气中的 Hg^p 在经过除尘器时与烟尘一起被去除。当烟气温度降低至 100℃以下时，烟气中的汞主要发生吸附反应，各种形态的汞通过物理吸附转化成 Hg^p，但由于湿法脱硫装置内烟气温度由约 130℃急速下降至 50℃左右，这个过程中 Hg^p 和 Hg^{2+} 均被吸附、洗涤进入脱硫浆液，汞的转化过程相对复杂一些。Hg^0 因水溶性低、挥发分高而难以控制。

循环流化床（CFB）锅炉的燃烧方式及燃料特性与煤粉锅炉差异较大，两者的汞排放特性也相差很大。CFB 锅炉燃料多为褐煤或煤矸石等劣质燃料，燃烧温度较煤粉锅炉低，其燃料的燃烬率低，飞灰中残留的未燃尽碳对汞的吸附能力更强，捕集 Hg^p 的比例更高。另外，CFB 锅炉采用添加石灰石的方法进行炉内脱硫，石灰石的添加也能促进 Hg^0 向 Hg^p 转化。

50. 煤燃烧过程中重金属汞的迁移过程是怎样的？

答：煤燃烧过程中，煤中汞绝大部分以 Hg^0 的形态进入烟气，然后随烟气迁移，经过烟气脱硝装置、空气预热器、除尘器和湿法脱硫装置，最终由烟囱排入大气。在随烟气迁移过程中，Hg^0

会转化成 Hg^{2+} 和 Hg^p，最终烟气中汞以上述三种形态存在。

汞的形态转化和最终去向与迁移路径密不可分。煤粉燃烧时，大部分汞进入烟气，不足 2% 的汞残留在炉渣中，还有极少部分汞残留在细颗粒物内部。进入 SCR 脱硝装置后，部分 Hg^0 氧化成 Hg^{2+}，Hg^{2+} 与烟气中的 Cl^-、SO_4^{2-} 等离子结合形成 $HgCl_2$、$HgSO_4$ 等无机盐，在高温环境下与飞灰亲和吸附，形成 Hg^p。空气预热器因存在积灰结垢问题，可能会有极少部分 Hg^p 残留在空气预热器沉积物中。烟气通过空气预热器后进入除尘器，在除尘器的除尘作用下，烟气中的 Hg^p 和 Hg^{2+} 被除尘器捕集，Hg^0 因其高挥发性以蒸气形态穿过除尘器，随烟气进入湿法脱硫装置。湿法脱硫装置内具有高湿环境，烟气流经时温度急剧下降，烟气中残余的 Hg^p 和 Hg^{2+} 被湿法脱硫装置捕获，进入脱硫浆液，然后通过石膏浆液泵外排，被湿法脱硫装置捕集的汞最终会迁移到脱硫废水和脱硫石膏中。脱硫废水经常规三联箱处理后排放至工业污水池，脱硫石膏直接进入综合利用环节。Hg^0 因其水溶性低难以被捕获，最终随烟气外排。煤中汞的迁移过程如图 3-1 所示。

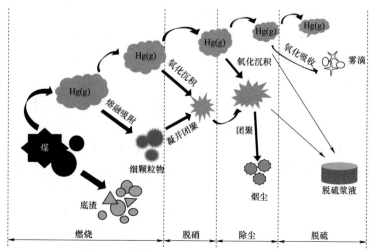

图 3-1 煤燃烧过程重金属汞迁移全流程

51. 国内外燃煤电厂重金属汞排放标准情况是怎样的？

答：美国是世界上第一个对燃煤电厂汞排放实施限制的国家。2011 年，美国环境保护署颁布《汞和空气有毒物质标准》，规定了 2004 年以后新建燃煤电站锅炉的汞排放限值，具体见表 3-2。美国各州也制定了更为严苛的大气汞排放标准，各州汞排放标准在 1.2～4μg/kWh 之间。德国在 2004 年修订了《大型燃烧装置法》，规定了燃煤电站的汞排放限值，要求汞及其化合物的日均排放限值不超过 0.03mg/m³。欧洲联盟（简称欧盟）也于 2006 年推出《大型燃烧装置的最佳可行技术参考文件》，推荐利用脱硫、脱硝、除尘等常规污染物控制设备协同控制汞排放的技术，但并未对汞排放的限值做具体规定。

2013 年 10 月 10 日，由联合国环境规划署主办的汞条约外交会议在日本熊本市召开，会议表决通过了《水俣公约》，主要目的是控制全球汞排放和减少汞污染。《水俣公约》的核心要求包括：① 制订国家计划，各缔约方应在 4 年内制定出为控制汞排放而采取的各项措施及其预计指标、目标和成果；② 建立国家排放清单，要求各缔约方在 5 年内建立汞相关来源排放清单；③ 采取措施控制源排放，对汞现有来源和新来源的管控时间及措施提出针对性的要求。我国作为公约的首批签署国之一，汞污染控制问题不仅成为我国环境污染控制的工作重点，也受到国际的约束而承担相应的履约责任。2016 年 4 月 25 日，第十二届全国人民代表大会常务委员会第二十次会批准了《关于汞的水俣公约》。

我国早在 2011 年 7 月发布的 GB 13223—2011《火电厂大气污染物排放标准》中就增加了烟气中汞排放限值，要求从 2015 年 1 月 1 日起，燃煤电厂汞及其化合物的排放限值为 0.03mg/m³。近年来各地也出台了一系列更为严苛的汞排放标准，2015 年 5 月北京市环保局颁布了 DB 11/139—2015《锅炉大气污染物排放标准》，规定从 2017 年 4 月 1 日起，锅炉汞及其化合物排放限值为

0.5 μg/m³。上海市环保局于 2015 年 12 月 1 日颁布 DB 31/933—2015《大气污染物综合排放标准》，规定从 2017 年 1 月 1 日起，汞及其化合物的排放限值为 0.01mg/m³。

表 3－2　　　　　　　美国新建燃煤电厂汞排放限值

煤种	排放限值（kg/TWh）	排放限值（mg/m³）
烟煤	9	0.007
次烟煤（降水量＞635mm/年）	30	0.020
次烟煤（降水量＜635mm/年）	44	0.035
褐煤	80	0.060
煤矸石	7.3	0.006

52. 国内外燃煤电厂重金属汞的排放控制水平如何？

答：20 世纪 90 年代，美国通过一系列汞控制技术手段，将人为汞排放量从 1990 年的 220t 降至 1999 年的 120t。并计划到 2007 年的汞排放量较 1999 年削减 90%。2005 年 3 月，美国环境保护署颁布了《汞排放控制标准》，要求在 2010 年达到 20%的汞排放削减量，2018 年达到 70%的汞排放削减量（即由 48t/年降至 15t/年）。除利用已有的烟气常规污染物控制设备协同脱汞以外，活性炭烟气喷射脱汞技术已在美国大多数燃煤电厂实现商业化运用。即从空气预热器后的烟道喷入活性炭颗粒，利用活性炭颗粒吸附烟气中的汞，并在除尘设备中将其除去。

我国燃煤电厂尚未建立针对汞排放控制的系统性技术体系，只在 GB 13223—2011《火电厂大气污染物排放标准》中将汞纳入排放控制范畴，仅有为数不多的电厂以研究为目的对烟气汞排放进行了监测。截至 2022 年底，国内燃煤电厂基本完成烟气超低排放改造，在实现 NO_x、SO_2 和烟尘超低排放同时，对汞的协同脱除起到重要作用。当前国内燃煤电厂控制汞排放的主流方式还是依靠超低排放改造后烟气常规污染物控制设备（SCR 脱硝装置、静电除尘器、布袋除尘器、湿法烟气脱硫装置、湿式电除尘器）的协同脱除能力降低汞的排放。

根据相关研究数据，燃煤电厂排放到大气中的总汞浓度在 0.001 8～0.002 54mg/m³ 之间，远低于 GB 13223—2011 中 0.03mg/m³ 的汞排放限值，飞灰及石膏中的汞浓度分别为 0.13～0.216mg/kg、0.019～0.063mg/kg，均低于 GB 15618—2018《土壤环境质量　农用地土壤污染风险管控标准（试行）》中 0.5mg/kg 的土壤限值，但脱硫废水中汞浓度为 0.31～0.37mg/L，远高于 GB/T 14848—2017《地下水质量标准》中 0.001mg/L 的地下水限值。对脱硫废水中汞的深度脱除及抑制废水中汞向大气中释放是控制燃煤电厂汞排放的一个重要方向。

华电电科院针对安装了湿式电除尘器的不同容量等级的超低排放燃煤机组开展汞排放浓度检测，结果表明湿式电除尘器出口烟气中汞排放浓度范围为 2.0～9.0μg/m³，与美国低阶煤汞排放限值接近，高于美国非低阶煤汞排放限值，远低于我国标准汞排放限值和德国标准汞排放限值。

53. 燃煤电厂重金属汞采样方法有哪些?

答: 为了对燃煤电厂烟囱出口处烟气中汞浓度进行准确检测，需要选取合适的采样分析方法。从 20 世纪 80 年代初开始，国外研究学者将含汞烟气样品的采集作为取样分析方法的研究重点，先后研究出多种采集方法，例如 EPA Method 29、EPA Method 101A、EPA Method 30B、汞形态吸附法（MESA）、MIT 固体吸附剂方法、有害元素取样链方法（HEST）、安大略法（Ontario Hydro Method，OHM）等。烟气中汞的采集方法按照吸收剂（吸附剂的形态）分为两大类：液体吸收剂法和固体吸附剂法。

（1）液体吸收剂法。由于气态烟气汞样品采集困难，液体吸收剂法采用液体吸收剂将其氧化为 Hg^{2+} 再进行分析。表 3–3 对燃煤电厂烟气汞液体吸收剂法进行了总结，其中 OHM 在多数国家被作为标准方法使用，是测量不同形态汞的最精确的方法之一，但是该方法具有步骤繁琐、取样时间长等缺点，使其在大规模的实际运用中受到限制。

表 3–3　　　　　　　　燃煤电厂烟气汞液体吸收剂法

测试方法	Hg^p 吸收过滤装置	液体吸收瓶配置
EPA Method 29	石英纤维滤纸	$HNO_3/H_2O_2 \rightarrow H_2SO_4/KMnO_4$
EPA Method 101A	石英纤维滤纸	$H_2SO_4/KMnO_4$
OHM	石英纤维滤纸	$KCl \rightarrow HNO_3/H_2O_2 \rightarrow H_2SO_4/KMnO_4$

　　（2）固体吸附剂法。装置主要由 Hg^p 吸收装置和气态汞吸收装置两部分组成，见表 3–4。首先通过石英管中的石英纤维等过滤塞将固态颗粒去除，然后利用吸附管中的固体活性炭吸附采样，再解吸（消解或直接燃烧）进行气态汞浓度分析。吸附管一段用于吸附绝大部分气态汞；二段备用，用于吸附穿透的气态汞。该方法操作方便、成本适中、精度较高，不需任何化学试剂和气体，且不产生任何化学废弃物；然而该方法测量精度受烟尘影响较大，主要运用于低烟尘环境。与液体吸收剂法相比，固体吸附剂法操作简单，但当烟气中的 SO_2 浓度高时，会出现部分 Hg^0 被固体吸附剂氧化吸收，产生测量误差。

表 3–4　　　　　　　　燃煤电厂烟气汞固体吸附剂法

测试方法	Hg^p 吸收装置	气态汞吸收装置
MIT	石英纤维滤纸	活性炭过滤器
MESA	石英羊毛塞	KCl/苏打石灰吸附剂 → KI 活性炭吸附剂
HEST	石英纤维	活性炭浸渍过滤器
EPA Method 30B	活性炭颗粒物	活性炭颗粒物

火电厂非常规污染物控制技术百问百答

国内汞采样方法主要基于所使用汞测试标准方法的相关规定，我国发布的 GB/T 16157—1996《固定污染源排气中颗粒物测定与气态污染物采样方法》适用于固定污染源的颗粒物采样及分析颗粒物中汞的含量，气态汞的采样方法可参照气态污染物的采集方法。对于总气相汞采样，国内主要采用 EPA Method 30B，该方法与 OHM 法一样为手工检测方法，可以同时测量烟气中的元素汞（Hg^0）和氧化汞（Hg^{2+}），检测下限 $0.1\mu g/m^3$。检测结果干扰因素主要来自吸附材料和测量环境，活性炭颗粒上存在碘可能会产生负面的测量偏差，高浓度 SO_2 会影响活性炭的汞吸附性能。

54. 燃煤电厂重金属汞分析方法有哪些?

答：煤燃烧后，汞在烟气中的存在形式主要有三种：Hg^0（元素态）、Hg^{2+}（氧化态）、Hg^p（颗粒态）。由于氧化汞和颗粒汞都易被去除，因此烟气中汞监测的主要目标是 Hg^0。光学方法是最常见的一种检测元素汞的方法，主要包括冷蒸气原子吸收光谱法（CVAAS）、冷蒸气原子荧光光谱法（CVAFS）、原子发射光谱法（AES）、X 射线荧光光谱法（XRF）以及紫外差分吸收光谱法（UV－DOAS）等，其中 CVAAS 和 CVAFS 两种方法精度高，检测下限可达 $0.64ng/m^3$，是目前应用最为广泛的两种方法。

CVAAS 是利用元素汞对波长为254nm的光进行选择性吸收，根据光强度减弱的程度通过朗博－比尔定律计算出汞的含量。不仅可以测量烟气中的元素汞含量，还能够将 Hg^{2+} 还原，对烟气中总汞的含量进行测定。

不同于 CVAAS，CVAFS 的原理是元素汞被光源照射时，会吸收波长为 254nm 的光并辐射出荧光，荧光信号的强度与元素汞的浓度成正比，通过对荧光信号的强度检测处理，得到元素汞的浓度。但由于烟气中含有的 NH_3、SO_2、CO 等会对汞含量的测定造成干扰，检测前需对样品进行复杂的预处理，导致设备昂贵、体积大且操作复杂。

XRF 利用 X 射线管产生入射 X 射线（一次 X 射线），激发样品中每种元素发射二次射线，不同元素发射的二次射线具有不同的能量和波长特性，因此可作为检测依据。在实际应用中，该方法需要特制的滤膜才能满足截留汞的需求，并且需要较长的富集时间，导致测量周期较长。

UV–DOAS 以紫外光为光源，因其需要一定的光程才能工作，一般架设在烟道两侧。由于烟气中 SO_2、NO_x、NH_3、水汽和颗粒物的存在，对光的稳定性造成影响，使测量结果产生误差。为了降低成本，紫外光可用二极管产生，尽管单模二极管激光器具有良好的精度和检测限，但其无模跳变的调谐范围相对小。

EPA 30A 为自动在线连续监测方法。该方法的核心是应用纯金捕集剂捕集汞，然后对其进行加热，再利用氩气作为载气来携带汞蒸气经过原子荧光发射器。当汞蒸气被 254nm 波长的荧光照射后就使其释放出荧光光谱，荧光光谱的强弱与汞蒸气的含量成正比，通过检测荧光光谱的强度，并将光信号转换成电信号，将电信号处理就可计算出所对应的汞的浓度。

国内外固定污染源汞排放相关分析方法标准见表 3–5。

表 3–5　　　　　　　国内外汞排放检测分析方法标准

国家和组织	标准名称	标准编号
中国	《固定污染源废气　汞的测定　冷原子吸收分光光度法》	HJ 543—2009
	《固定污染源废气　气态汞的测定　活性炭吸附/热裂解原子吸收分光光度法》	HJ 917—2017
	《环境空气　气态汞的测定　金膜富集/冷原子吸收分光光度法》	HJ 910—2017
	《土壤和沉积物　总汞的测定　催化热解–冷原子吸收分光光度法》	HJ 923—2017

国家和组织	标准名称	标准编号
美国	《氯碱工业气态和颗粒态汞排放的测定》	EPA Method 101
	《焚烧炉排期中气态和颗粒态汞的测定》	EPA Method 101A
	《氯碱工业气态和颗粒态汞排放的测定（氢气流）》	EPA Method 102
	《固态污染源气态总汞的测定（在线分析程序）》	EPA Method 30A
	《燃煤污染源中气态总汞的测定　活性炭吸附管法》	EPA Method 30B
	《固定污染源中重金属的测定》	EPA Method 29
	《燃煤污染源废气中元素态、氧化态、颗粒态和总汞的测定标准方法（安大略法）》	ASTM D6784 – 02 Ontario Hydro Method
欧盟	《空气质量 – 固定污染源 – 总汞浓度手工测定法》	EN 13211：2001
	《空气质量 – 固定污染源总汞的测定：自动检测系统》	EN 14884：2005
日本	《污染源废气汞的测定》	JIS K0222—1997

55. 如何在燃烧前进行汞排放控制？

答： 燃烧前脱汞技术主要实现原煤中汞的脱除。燃煤电厂原煤脱汞方式主要分为洗选煤、配煤以及燃料替代三种，其中洗选煤为燃烧前脱汞的主流方式。

洗选煤技术可分为物理选煤和物理化学选煤，其中物理选煤技术是利用煤质中的有机矿物质与无机矿物质的差异实现分选，而物理化学选煤技术也称为浮选技术，主要通过加入有机浮选剂将无机矿物质分离出来，获得更为优质的燃煤。美国能源部研究开发出一系列先进的洗选煤技术，如浮选柱、选择性油团聚和重液旋流器等。对于洗选煤技术而言，汞在燃煤中的赋存形态对燃烧前脱汞至关重要，若汞主要赋存于无机矿物质，则在洗选煤过程中汞元素随无机矿物质（如灰分）脱除，可实现燃烧前的脱汞目标；反之，若汞主要赋存于有机矿物质，则在洗选过程中会增加燃煤中汞比例，无法实现燃烧前脱汞。因此考虑燃烧前燃煤脱汞技术，需要先分析燃煤汞的赋存形态。

此外，煤炭的热处理技术、化学法及微生物法也可以在一定条件下实现煤的燃烧前脱汞。

56. 如何在燃烧中进行汞排放控制？

答：煤燃烧过程中汞的释放机理十分复杂，影响因素众多，如煤种特性、燃烧温度、燃烧反应的气氛（如还原性或者氧化性气氛）、煤粉粒径等。煤燃烧过程中的脱汞技术主要从燃煤汞释放机理角度出发，通过促进（抑制）燃煤汞的释放影响因素等手段进行，其宏观表现为控制燃烧工况、反应温度窗口、反应气氛等因素降低烟气中汞浓度，或使烟气中汞更容易被下游烟气净化装置去除。因此，燃烧中汞控制主要可分为流化床燃烧技术、低氮（低氧）燃烧技术、添加剂技术等。

（1）流化床燃烧技术。尽管燃煤中汞存在形态差异较大，分布不均且含量不一，使得不同反应温度窗口均会存在汞释放，且释放形式多样化，即燃煤汞释放量随温度呈现多峰分布方式。但总体而言，温度越低，汞释放量越少。流化床燃烧技术属于低温燃烧技术，炉内相对较低的温度提高了烟气中 Hg^{2+} 含量，抑制了氧化态汞重新转化成 Hg^0，有利于提高后续净化设备的脱汞效率。此外对于电站锅炉而言，一方面循环流化床锅炉燃烧产生的飞灰比表面积较大且孔隙较为丰富，为汞的吸附提供较为合适的空间条件；另一方面，可进一步增加飞灰与汞在烟气中的停留时间，为其与微孔径的飞灰接触提供更为适宜的时间。

（2）低氮燃烧技术。低氮燃烧技术属于改变燃烧工况的一种方式，该技术可以实现减少 NO_x 产生量，同时一定程度上抑制燃煤中汞的释放量。低氮燃烧运行方式下炉膛处于还原性气氛且炉膛燃烧温度较低，可减少燃煤汞的释放，但还原性气氛也不利于 Hg^0 向 Hg^{2+} 的转化，即燃煤释放汞主要以 Hg^0 形式存在，不利于下游的环保设施对汞的脱除。

（3）添加剂技术。添加剂脱汞技术可分为两个方面，一方面通过不同添加剂改变已有物质（如飞灰）特性，从而增加其对汞的吸附能力；另一方面利用添加剂对燃煤汞释放形态进行调控，例如卤族元素（如 Cl）对 Hg^0 向 Hg^{2+} 转化有促进作用，而 SO_2 对汞的氧化会产生不利影响。通过添加剂调控烟气组分，使得燃煤产生地 Hg^0 更多地转换为 Hg^{2+} 或 Hg^p，以提高下游环保设施对汞的脱除效率。

57. 燃煤电厂脱硝装置对重金属汞的脱除有何影响？

答：燃煤电厂脱硝工艺主要采用选择催化还原（SCR）、选择性非催化还原（SNCR）及其联用技术，其中，SCR 技术多用于煤粉锅炉，对烟气脱汞具有良好的促进作用；SNCR 多用于流化床锅炉，尚未发现其对烟气脱汞具有促进作用。

SCR 脱硝装置脱汞机制主要体现在催化剂表面对汞的吸附以及催化剂对 Hg^0 的氧化作用。此外，烟气组分（如 HCl、SO_2、NH_3）在 Hg^0 向 Hg^{2+} 转化过程的竞争性影响也不容忽视。通常，在烟气 HCl 含量较高时，在催化剂作用下，HCl 被氧化为 Cl_2，进而与 Hg^0 反应形成 Hg_2Cl_2；脱硝装置中 NH_3 与 Hg^0 对催化剂活性位具有竞争吸附特点，会在一定程度抑制 Hg^0 氧化的效率。在烟气 HCl 含量较低时，主要依靠催化剂中 V_2O_5 实现 Hg^0 向 Hg^{2+} 的转化。

为进一步提高脱硝催化剂对汞的氧化效率，拓宽 Hg^0 氧化的温度窗口，增加催化剂的比表面积，提高催化剂对汞的吸附能力，进一步弱化 Hg^{2+} 还原反应，逐步发展了改性商用催化剂、改性低温 SCR 脱硝催化剂，实现更高的 Hg^0 氧化效率。改性商用催化剂主要是向传统的钒基脱硝催化剂中添加过渡金属的氯化物，如 $CuCl_2$、$CeCl_3$ 等物质。改性催化剂与传统的商用催化剂活性、反应窗口等性能保持一致，可以用于替换传统催化剂或填补备用层催化剂。此外，低温催化剂对汞的氧化效率也逐步被关注，在低温催化剂中添加 CeO 等过渡金属氧化物可以提高汞的氧化效率，在一定程度上降低烟气中 HCl 的影响，但脱硝催化剂制造成本会增加。

58. 燃煤电厂除尘设备对重金属汞的脱除有何影响？

答：干式电除尘器主要有电除尘器、低低温电除尘器（ESP）、电袋复合除尘器（EFF）和布袋除尘器（FF），其位于空气预热器下游，由于烟气温度降低，部分汞吸附在飞灰颗粒表面，除尘器在捕集烟气中颗粒物的同时，实现 Hg^p 的脱除。一般认为 Hg^p 占汞排放总量的比例较小，且多数存在于亚微米颗粒（粒径 0.1～1.0μm）中。ESP 对这部分颗粒物脱除效率很低，除汞能力有限。FF 主要利用致密织物的过滤作用捕获烟气中的飞灰颗粒，通常用来脱除高比电阻烟尘和微细烟尘，同时当烟气通过 FF 时，Hg^0 可被滤袋表面的粉尘层吸附，也会与烟气中 HCl 发生反应进而被捕集，因此 FF 不仅具有截留 Hg^p 的功能，还具有氧化 Hg^0、吸附 Hg^0 和 Hg^{2+} 的能力，所以 FF 除汞性能要优于 ESP。

湿式电除尘器（WESP）工作原理与 ESP 类似，通过电晕放电使烟气中雾滴和颗粒物荷电，在电场作用下被集尘极捕集。但 WESP 提供几倍于 ESP 的电晕功率，对微细金属颗粒和 SO_3 酸雾液滴等亚微米颗粒具有更好的捕集能力。WESP 一般布置在烟气脱硫塔之后，经过前段多重净化设备之后，其入口烟气中汞的含量较低。研究发现，由于湿法脱硫系统对 Hg^{2+} 的脱除效率高，湿式电除尘器进口烟气中 Hg^0 的占比最高，不同机组负荷下的占比均超过 80%；湿式电除尘器对 Hg^{2+} 的脱除效率高，不同机组负荷下均超过 80%，且湿式电除尘器对 Hg^{2+} 的脱除效率随机组负荷的减小而降低；不同机组负荷下 Hg^0 的脱除效率相差较小，说明烟气量的变化对 Hg^0 的脱除效率影响小；进口烟气中汞的浓度越高，湿式电除尘器对汞的脱除效果越佳。

华电电科院针对超低排放燃煤机组配备的湿式电除尘器进行汞脱除率测试，结果显示湿式电除尘器 Hg 脱除率在 60%～80% 之间，由于入口 Hg 浓度低，导致 Hg 脱除率提升难度高。相同汞排放浓度条件下，大容量机组 Hg 排放量（质量）要高于小容量机组，应引起足够重视。

59. 燃煤电厂脱硫设备对重金属汞的脱除有何影响？

答： 目前燃煤锅炉脱除烟气中 SO_2 主要采用湿法烟气脱硫（WFGD）工艺和干法（半干法）脱硫工艺。

Hg^0 易挥发且难溶于水，WFGD 对烟气中 Hg^0 的脱除效率几乎为零，因此 WFGD 对烟气中总汞的脱除效率取决于 Hg^{2+} 占烟气汞的比例。在典型石灰石－石膏湿法烟气脱硫系统中，Hg^{2+} 的捕集效率可以达到 70%～95%。WFGD 系统中汞的行为过程主要包括三个方面：① Hg^0 氧化转化为 Hg^{2+}；② Hg^{2+} 还原转化为 Hg^0；③ Hg^{2+} 进入吸收液或石膏浆液被去除。烟气中的 Cl 有可能进一步氧化 Hg^0，但由于 WFGD 系统中的烟气温度较低，氧化转化率一般较低。研究表明，在经过 WFGD 系统后 Hg^0 的浓度有所上升，这主要是由于小部分的 SO_2 进入吸收液或脱硫石膏浆液形成 SO_3^{2-}，其作为还原剂能够将 Hg^{2+} 转化为 Hg^0。湿法脱硫过程中浆液中的亚硫酸盐、氯离子和溴离子浓度越高越能阻止 Hg^{2+} 向 Hg^0 转变，即抑制 Hg^0 的再释放，而 Hg^{2+} 浓度、浆液温度或浆液 pH 值越大越易导致 Hg^0 的再释放。此外，向脱硫浆液中添加 Fenton 试剂、Fe^{3+}、H_2O_2、ICl 和铝盐均可有效提高 Hg^0 的氧化率，减少 Hg^0 的再释放。在脱硫浆液中添加适量的 Fe^{2+} 和 Mn^{2+} 催化剂，并通入空气也可将大量的 Hg^0 氧化，可有效提高 WFGD 的脱汞效率。

干法（半干法）烟气脱硫工艺在兼具高效脱除 SO_2、SO_3、HCl、HF 和烟尘的基础上，可在不增加吸附剂前提下，利用循环流化床中高密度、大比表面积、激烈湍动的钙基吸收剂物料颗粒来实现对 Hg^{2+} 和 Hg^0 的高效吸附形成 Hg^p，再借助脱硫系统配套的除尘装置协同脱除附着在 $Ca(OH)_2$ 和飞灰细颗粒表面上所形成的 Hg^p 及 Hg^{2+} 化合物，实现汞的高效捕集和脱除。

60. 燃煤电厂烟气脱汞专项技术有哪些？

答：燃煤电厂烟气脱汞专项技术主要包括吸附剂法、催化氧化法。吸附剂法脱汞技术是目前最成熟的一种烟气脱汞技术，其利用吸附剂的吸附和氧化作用，促成 Hg^p 和 Hg^{2+} 的形成，实现对汞的吸附、脱除。用吸附剂脱除烟气中汞的途径有两种：一种是在颗粒脱除装置前喷入粉末吸附剂，吸附后的颗粒物在除尘装置内被除去；另一种是烟气通过吸附床吸附脱汞，但必须选取适宜颗粒细度以免引起较大的压降。常用的脱汞吸附剂有活性炭类吸附剂、飞灰、钙基吸附剂、矿物类吸附剂等。美国底特律爱迪生·圣克莱尔电厂仅配有静电除尘器作为粉尘控制设备，燃烧 85%次烟煤和 15%烟煤的掺混煤，采用炉后活性炭喷射技术，喷射溴化活性炭，连续运行 30 天，平均汞吸附率约 94%。美国约有 75%的燃煤电厂准备采用该电厂控制汞排放的技术。国内国华三河电厂 300MW 机组首次成功应用了改性飞灰基吸附剂脱汞技术，在电除尘器入口喷射改性飞灰基吸附剂，降低了烟气中的汞浓度，综合脱除效率达到 90%。

催化氧化法脱汞专项技术是在煤、烟气中加入氧化性添加剂或催化剂等，促使 Hg^0 氧化成 Hg^{2+} 再进行脱除的技术，尤其适用于设有 WFGD 的燃煤电站，目前主要有选择性催化还原法、光（膜）催化氧化、金属及金属氧化物催化氧化、电化学技术、电催化氧化联合处理等。通过对 SCR 脱硝催化剂进行改性，提高其汞的氧化能力，有利于提高汞脱除率，代表性催化剂为日立 TRAC™ 板式催化剂，其汞氧化活性是常规SCR脱硝催化剂的 1.5～2.0倍，已在美国 640MW 机组和德国 550MW 机组上得到应用。美国能源部在 Fayette 电厂 460MW 机组上应用催化氧化脱汞技术，该机组配备低氮燃烧器、电除尘器和石灰石－石膏湿法脱硫装置，24个月连续运行实现烟气中元素汞的氧化率大于 70%。

第四章

可凝结颗粒物（CPM）

61. 可凝结颗粒物是什么？

答： 根据颗粒物的穿透特性可分为可过滤颗粒物（filterable particulate matter，FPM）和可凝结颗粒物（condensable particulate matter，CPM），两者之和是固定污染源向环境空气中排放的颗粒物总量，即总颗粒物（total particulate matter，TPM）。图4-1所示为颗粒物构成示意。

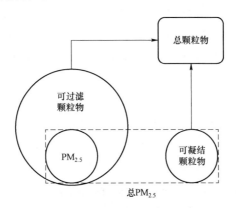

图4-1　颗粒物构成示意

美国环境保护署在1983年提出了可凝结颗粒物的定义，即在烟道温度状况下在采样位置处为气态，离开烟道后在环境状况下降温数秒内凝结成为液态或者固态的物质，称为可凝结颗粒物。欧洲监测和评价计划（European Monitoring and Evaluation Programme，EMEP）提出的可凝结颗粒物定义为：在烟囱条件下是气相（如 SO_3，半挥发性或中挥发性有机化合物），但烟气排放到大气环境时被冷却和稀释，形成 $PM_{2.5}$ 后存在于大气环境中。国内科技工作者也提出了一种与 CPM 相关的定义——溶解性固形物，即溶于穿透滤膜的细微雾滴中的离子态硫酸盐、亚硫酸盐、氯盐等，离开烟道后在大气中经稀释、干燥、降温、凝结等作用失去水分后变成的细颗粒物。在不同研究领域，还存在着与 CPM 定义相近且存在交叉的概念，如可溶盐、水溶性离子、含盐量等。目前，国内外对 CPM 的定义存在一定差异，关于 CPM 的定义并没有统一标准，被广泛接受的是美国环境保护署的定义。

我国标准 GB/T 16157—1996《固定污染源排气中颗粒物测定与气态污染物采样方法》和（HJ/T 397—2007）《固定源废气监测技术规范》中对颗粒物的定义为燃料和其他物质在燃烧、合成、分解以及各种物料在机械处理中所产生的悬浮于排放气体中的固体和液体颗粒物状物质。由定义可知，我国目前的固定源颗粒物排放采样检测中主要针对尾部烟道中以固态或液态形式存在的颗粒物。根据国标开展的颗粒物采样检测，由于采样设备位于烟道内，所处温度等同于烟气温度，而从尾部排烟设备的防腐需求和增大排烟抬升高度的角度出发，尾部烟气不可能以较低温度排放，处于气态的可凝结颗粒物将直接穿透过滤介质，因此我国主要以检测可过滤颗粒物作为固定源颗粒物的排放依据。

由于对 CPM 的概念存在差异，导致对 CPM 的认识往往有混淆，主要表现在以下几个方面：

（1）根据美国环境保护署的定义，烟气中的水蒸气应属于 CPM 的范围。然而鉴于水蒸气在排放后可能会凝结成对环境无害的液态水滴，并在一段时间后再次蒸发，美国环境保护署的方法在测量 CPM 时不计算 CPM 中的水蒸气。

（2）CPM 与二次颗粒物成因容易混淆。实际上，CPM 与二次颗粒物不同，二次颗粒物不会作为 CPM 直接排放。相反，二次颗粒物是由排放气体（如 SO_2、NO_x 和大气成分）之间的长期物理化学反应形成的。

（3）CPM 与 VOCs 组分容易混淆。在 CPM 中也检测到烷烃和酯的成分，因此 VOCs 和 CPM 在这些有机成分上有交集。如果挥发性有机化合物的某些部分在排放后立即凝结成颗粒状态，则属于 CPM 类别。相反，其他排放后不迅速凝结的 VOCs 不属于 CPM 的范畴。

（4）CPM 与 SO_3 排放特性容易混淆。CPM 的形成主要是由于 SO_3 很容易与烟气中的水蒸气反应形成硫酸雾，在这个过程中 SO_3 由气态向颗粒态转变。事实上，转化过程通常发生在120℃～140℃之间，通常高于烟气的排放温度，也就是说，大部分 SO_3 在排放前已转化为粒子状态。根据 CPM 的定义，SO_3 的这一部分不属于 CPM，只有排放时仍处于气态的 SO_3 才有可能属于 CPM 的范畴。

62. 可凝结颗粒物的理化特性是什么？

答：大气颗粒物的组分分析主要集中在无机离子、元素碳、有机碳和金属元素。燃煤电厂排放的 CPM 主要成分包括无机成分和有机成分，元素组成主要有 Al、Ca、Na、Fe、Cu、Cr、Mn、Si、C、O、S、P、F 和 Cl 等。CPM 无机成分主要以无机盐形式存在，无机盐中的阴阳离子与 CPM 元素组成密切相关，主要有 SO_4^{2-}、NO_3^-、Cl^-、F^-、NO_2^-、PO_4^{3-}、MnO_4^-、SiO_3^{2-}、K^+、Na^+、Ca^{2+}、Mg^{2+}、NH_4^+、Al^{3+}、Fe^{2+}等，其中重点关注的是 CPM 中 9 种含量较高的离子（K^+、Na^+、Ca^{2+}、Mg^{2+}、NH_4^+、SO_4^{2-}、NO_3^-、Cl^-、F^-）。CPM 有机成分种类复杂，定性识别的有机物 300 余种，进行过定量分析的有机物 100 余种，主要分为烷烃、酯类和其他。

燃煤烟气中 CPM 的化学成分分析表明无机离子中 Na^+、SO_4^{2-} 和 Cl^- 浓度占比较高,有机成分中烃类和酯类占比较多,正构烷烃、邻苯二甲酸酯以及硅氧烷是 CPM 有机组分的重要组成部分。无机组分主要以可溶盐形式存在,在大气环境中发生复杂的物理化学反应转化成 $PM_{2.5}$ 前驱体。有机组分主要由 C、H、O、Si 四种元素中的两种以上元素组成,均具有疏水性,其中正构烷烃密度一般小于水,熔沸点随着分子量的增加而升高;邻苯二甲酸酯的挥发性低且不溶于水,易溶于甲醇等有机溶剂;硅氧烷化学性质稳定。

63. 可凝结颗粒物的生成机理是什么?

答: 煤燃烧过程中颗粒物形成机制一般包括"破碎 – 凝并"和"蒸发 – 冷凝",其中"蒸发 – 冷凝"又分为"异相冷凝"和"均相成核"两类。煤粉燃烧时,矿物质经过破碎、凝并和融合形成粒径大于 $1\mu m$ 的超微米颗粒物,形成机理为"破碎 – 凝并";煤中矿物质在高温燃烧中蒸发成气体,然后在细小颗粒物表面凝结成粒径为 $0.1\sim1\mu m$ 的亚微米颗粒物,形成机理为"异相冷凝";烟气中挥发的矿物质由蒸气形态降温冷凝成核,形成粒径小于 $0.1\mu m$ 微米的超细颗粒物,其形成机理为"均相成核"。"破碎 – 凝并"形成的颗粒物总是保持颗粒状态,属于 FPM 的范畴;"蒸发 – 冷凝"形成的颗粒物,部分在烟气中由气相冷凝为颗粒物的属于 FPM,部分在大气环境中快速稀释冷凝为颗粒物的属于 CPM。因此,CPM 成因可以明确是通过"蒸发 – 冷凝"机制形成的,但具体是"异相冷凝"和"均相成核"中的哪一种尚不明确,也可能是两者均有。图 4 – 2 描绘了燃煤烟气中一次颗粒物的形成机理,包括 FPM 和 CPM 的形成机理。

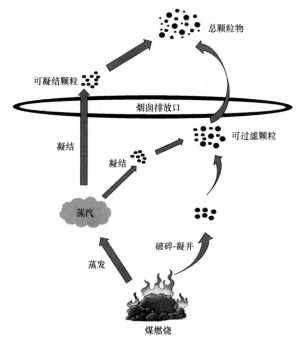

图 4-2　煤燃烧过程一次颗粒物形成机制

64. 可凝结颗粒物的转化规律和过程是怎样的？

答：煤粉经高温燃烧后形成颗粒物，经过一系列烟气处理设备净化后外排大气。在这个过程中，颗粒物因温度、湿度、机械碰撞、荷电等物理、化学条件变化而发生转化，转化过程中形成CPM。燃煤煤质对 CPM 无机组分转化和排放有一定影响，其中灰分、硫分、挥发分对 CPM 排放影响趋于一致，即随着组分含量增大，CPM 呈下降趋势，低位热值与 CPM 趋于正相关。灰分对 CPM 影响最大，硫分、挥发分、低位热值影响较小。

燃煤电厂广泛应用的典型环保技术主要有脱硝技术、除尘技术、脱硫技术和一体化协同脱除技术，但由于烟气净化技术的工艺特性，会导致烟气中 CPM 浓度增加。

火电厂非常规污染物控制技术百问百答

典型烟气脱硝技术采用氨基还原剂，如液氨、尿素、氨水等，导致烟气中人为增加了氨组分。烟气中的 NH_3 来源于脱硝系统的氨逃逸，脱硝系统出口烟气经过空气预热器时，温度梯级降低，在 SO_3 和 H_2O 同时存在的条件下，逃逸氨会在空气预热器的中高温段形成 $(NH_4)_2SO_4$，在中低温段形成 NH_4HSO_4。空气预热器低温段温度高于 NH_4HSO_4 的熔点，该区域硫酸氢铵为熔融状态，黏附性强，会吸附飞灰和 NH_3，形成铵盐沉积物，烟气中 NH_3 在这个过程中主要转化成 NH_4^+。进入干式除尘器时，烟气中 NH_3 主要以气态 NH_3 和铵盐颗粒的形式存在，气氨包括气态分子氨和飞灰表面微孔吸附的 NH_3，铵盐颗粒包括随烟气进入干式除尘器的 NH_4HSO_4、$(NH_4)_2SO_4$ 颗粒物和飞灰表面吸附的 NH_3 发生化学转化形成的铵盐。少量 NH_3 随烟气进入 WFGD 系统，气态 NH_3 在急剧降温过程中形成凝结颗粒物或溶解在小液滴中被脱硫系统去除，形成的少量气态 NH_3 和 NH_4^+ 随烟气外排，转化成 CPM 的无机组分。对于配备了湿式电除尘器的燃煤机组，脱硫装置出口烟气经湿式电除尘器深度净化后外排大气，仅有不到 1% 的 NH_3 随烟气排放，氨的形态仍是气态 NH_3 和 NH_4^+。

作为 CPM 的主要无机组分，SO_4^{2-} 主要由燃煤中的硫分转化而来，分为 SO_2 来源和 SO_3 来源。在典型石灰石–石膏湿法脱硫工艺中，烟气中 SO_2 与 $CaCO_3$ 在强制氧化条件下发生化学反应生成 $CaSO_4$，在脱硫塔喷淋装置的作用下，包含 $CaSO_4$ 的雾滴随烟气外排，转化成 CPM。烟气中 SO_3 一部分是煤燃烧过程中 SO_2 氧化形成，一部分是在脱硝催化剂的作用下 SO_2 催化氧化生成。SO_3 在经过脱硝装置、空气预热器和干式电除尘器时，与烟气中碱性物质发生化学反应转化成硫酸盐颗粒，一部分沉积在脱硝催化剂微孔和空气预热器换热元件低温段，一部分进入干式电除尘器被去除，剩余 SO_3 随烟气进入石灰石–石膏湿法脱硫装置，在温、湿度急剧变化的条件下转化成气溶胶和硫酸雾，并被 WFGD 去除。

随烟气外排的 SO_3 以可溶性 SO_4^{2-} 离子为主，导致 SO_4^{2-} 在 CPM 可溶性无机离子中占主导地位，其离子浓度占比可达 80%以上。

65. 可凝结颗粒物的迁移过程是怎样的？

答：煤粉燃烧后形成含颗粒物的烟气从锅炉出口排出后，依次经过脱硝装置、空气预热器、除尘装置、脱硫装置和湿式电除尘器（如有），最终通过烟囱外排大气。由于脱硝装置出口逃逸 NH_3 是可凝结颗粒物的组成部分，并且会增加烟气中 SO_3 浓度，因此对可凝结颗粒物迁移规律的研究主要集中在烟气脱硝之后。随着烟气随尾部烟道迁移，构成 CPM 的 SO_3、NH_3、HCl、有机物等会在迁移过程中发生转移、消减等物理、化学现象。

脱硝装置出口的烟气首先经过空气预热器换热降温后进入干式除尘器，烟气在流经空气预热器过程中，温度大幅下降引起 SO_3 凝结，在 H_2O、NH_3 存在的条件下，发生化学反应生成 NH_4HSO_4 和少量$(NH_4)_2SO_4$。烟气中 SO_3、NH_3 迁移转化成空气预热器沉积物，根据沉积物取样分析结果，NH_4^+含量在 $0\sim90mg/kg$ 之间，SO_4^{2-}含量在 $0\sim150mg/kg$ 之间，极端情况应具体分析。

干式除尘器主要用于去除 FPM，在除尘过程中，90%以上的逃逸 NH_3 被粉煤灰吸附捕集，使逃逸 NH_3 从烟气中迁移至粉煤灰中，随输灰系统外排，大幅减少了烟气中 NH_3 迁移过程中转化成 CPM 的总量。低低温电除尘器的 SO_3 脱除率可达 80%以上，能够高效去除烟气中 SO_3，大幅降低 SO_3 在 CPM 中的比例，从而使 CPM 的浓度下降，因此对 CPM 的脱除作用较大。也有技术人员认为电袋复合除尘器具有较高 SO_3 脱除效率，对 CPM 脱除有较大作用。其他干式除尘器技术，如电除尘器、布袋除尘器、旋转电极电除尘器等对 SO_3 脱除效率在 20%左右，对 CPM 有一定脱除作用。

石灰石-石膏湿法脱硫技术（WFGD）因技术特性使烟气在

短时间内发生温度、湿度急剧变化，使气态 CPM 在脱硫浆液的冲洗下发生冷凝、碰撞和凝并，形成颗粒态物质，一部分粒径较大的颗粒物被喷淋浆液捕集进入脱硫浆池；一部分亚微米级颗粒物残留在烟气中，随烟气向下游迁移。湿式电除尘器相对 WFGD 而言烟温未发生显著变化，烟气处于过饱和湿度状态，在冲洗水清灰过程中产生大量水雾，有利于 CPM 的进一步冷凝和捕集，从而控制可凝结颗粒物的排放。WESP 作为高效除尘终端设备，对烟气中的亚微米级气溶胶等颗粒物具有较高的脱除能力。

在典型烟气净化治理技术中，WFGD 和湿式电除尘技术（WESP）对 CPM 转化影响最大，都能高效去除 CPM。从燃煤机组 WFGD 入口、出口及 WESP 出口进行 CPM 采样分析，WFGD 和 WESP 对 CPM 无机组分的去除效率分别达到了 47.82%和47.60%，对有机组分的去除率分别达到了 52.04%和 65.27%，如图 4-3 所示。

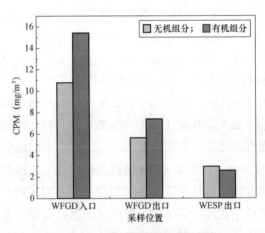

图 4-3　WFGD 后烟气中 CPM 浓度转化

66. 可凝结颗粒物的危害是什么？

答： CPM 为亚微米级颗粒物，属于 $PM_{2.5}$ 范畴，包括大量的无机离子和有机物，因具有较大的比表面积，其在大气环境中迁移时通常容易富集各种重金属（如 Se、As、Pb、Cr 等）和 PAHs（多环芳烃）等污染物，使其组成更加复杂多变，为大气化学反应提供载体，并起到催化作用，增加了其危害性。

CPM 中含有大量的 SO_4^{2-}、NO_3^-、Cl^-、Na^+、Ca^{2+}、NH_4^+、气溶胶、有机化合物等粒子，属于灰霾前体物，排放大气环境后，在大气环境中不断发生次生化学反应，在一定条件下会诱发雾霾天气。

CPM 排放量增加会导致大气环境中 $PM_{2.5}$ 浓度增加。$PM_{2.5}$ 浓度增加可能会影响大气辐射平衡，导致地面越来越冷、大气越来越热，严重影响区域和全球气候变化，可能加剧区域大气层加热效应，增加极端气候事件。另外，$PM_{2.5}$ 浓度增加还可能会引起城市大气酸雨、光化学烟雾现象，导致大气能见度下降，阻碍空中、水面和陆面交通。

在大气环境中富集了各种重金属和有机污染物的 CPM 可以通过呼吸系统进入人体，因多为致癌物质和基因毒性诱变物质，会增加重病及慢性病患者的死亡率，使呼吸系统及心脏系统疾病恶化，改变肺功能及结构，改变人体免疫结构，严重危害人体健康。

67. 可凝结颗粒物的排放现状是怎样的？

答： 由于可过滤颗粒物（FPM）已得到有效控制，以及 CPM 相关知识的缺乏，CPM 的排放特性和环境影响引起了全世界的关注。目前，欧洲、美国、日本和韩国的研究机构和技术人员试图建立包括 CPM 在内的排放清单。我国现有的研究集中在 CPM 的排放特征上，也正在逐步开展 CPM 排放清单和相关环境影响的研究。

近年来，对 CPM 排放特性的研究内容主要分为 CPM 的排放浓度、CPM 在总颗粒物中所占的比例、CPM 有机组分和无机组分的构成及分布特性。CPM 不仅来源于煤的燃烧，天然气、生物质、重油、柴油、垃圾的燃烧也会产生 CPM。CPM 的排放源种类范围很广，燃煤电厂、钢铁厂、熟料窑、垃圾焚烧炉、发动机等也会排放 CPM。

关于 CPM 的排放水平，一些发达国家较早的对其开展了相关检测技术和现场测试的研究。日本采用 JIS Z8808 或 Z7152（测量 FPM 的方法）的测试方法对工业燃气锅炉、重油锅炉、焚化炉、海洋船舶、生物质燃烧、陶瓷炉和电炉排放废气的 CPM 进行检测，结果表明工业和能源部门以及焚烧炉中的大型固定燃烧源占有机气溶胶排放的大部分。CPM 中有机气溶胶的百分比为 1%～50%，CPM 在一定程度上增加了有机气溶胶排放。基于美国环境保护署近年来对美国各燃煤、燃气和燃油等工业生产锅炉的大量现场测试结果分析，美国学者发现，对于燃煤锅炉，CPM 排放占总 PM_{10} 排放的 76%，其中 CPM 最大排放量占总颗粒物的 92%，CPM 最小排放量占总颗粒物的 12%，CPM 平均排放量占总颗粒物的 49%；而对于燃油锅炉、燃气锅炉，CPM 排放占总 PM_{10} 排放的 50%左右。进一步研究发现，不管燃料是什么类型，冷凝物质主要组成是无机物而不是有机物。还有学者研究了一系列固定排放源排放的 CPM 和 FPM 浓度值，发现对于燃煤电厂、燃煤锅炉、造砖场、焚烧炉及电弧炉排放的可凝结颗粒物分别占总 $PM_{2.5}$ 排放的 61.2%、73.5%、44.2%、52.8%和 51.2%，其中无机组分是 CPM 主要部分；对部分电弧炉厂和钢铁厂的测试结果显示 SO_4^{2-}、Cl^-、Na^+、K^+为 CPM 无机组分的主要成分。

由于国情和排放标准不同，国外固定污染源颗粒物排放特征与我国存在着很大差异，因此国内学者对我国固定污染源颗粒物排放特征做了相关研究。结果表明，所有固定排放源排放烟气中 CPM 浓度的数据范围跨度比较大，在 $0.96\sim358.5\text{mg/m}^3$ 之间，其中，燃煤电厂排放的 CPM 浓度在 $7.9\sim73.58\text{mg/m}^3$，其排放浓度大多数已超过了燃煤电厂 FPM 的超低排放限值（5mg/m^3）。燃煤电厂 CPM 排放浓度集中在 40mg/m^3 以下，CPM 在 TPM 中的占比多数都超过 50%，在 CPM 中有机和无机成分质量份额相当。上述研究结论表明 CPM 作为固定污染源外排颗粒物的重要组成部分，不容忽视。

根据燃煤电厂采样分析结果，CPM 元素组成主要有 Al、Ca、Na、Fe、Si、C、O、S、F 和 Cl 等，无机阳离子中 Ca^{2+} 和 Na^+ 占比较多，无机阴离子中 SO_4^{2-}、Cl^- 以及 NO_3^- 占比较多。有机组分主要有烷烃类、酯类、甲苯、多环芳烃、烯烃类、酮类及其他多达 100 多种可测得的种类，酯类（平均占 36.8%）和烷烃类（平均占 29.0%）是有机组分的主要组成部分。燃煤煤质不同，生成 CPM 的主要组分也存在较大差异。无烟煤燃烧生成 CPM 无机组分中 SO_4^{2-}、NH_4^+、Cl^- 和 NO_3^- 含量较多。烟煤燃烧生成 CPM 无机组分中 Cl^-、NH_4^+、SO_4^{2-} 和 NO_3^- 含量较多，Na、Ca、K、Mg 和 Al 元素占比较大。褐煤燃烧生成 CPM 无机组分中 SO_4^{2-}、NH_4^+、Cl^- 以及 NO_3^- 含量较多，占比前四位的金属元素分别是 Na、Ca、K 和 Mg。无烟煤、烟煤和褐煤燃烧生成 CPM 有机组分中都含有种类丰富的烷类和酯类物质。

目前，燃煤电厂烟气污染物控制装置可以有效控制 FPM，但对 CPM 的去除效率较低。由于 CPM 占 TPM 排放量的近 60%，尽管超低排放设备被广泛配备，但烟气净化装置对 CPM 有机组分和无机组分的去除效率在 15%～91%之间。

68. 什么是干式冲击冷凝采样法？

答：美国环境保护署最早提出了 CPM 的标准测试方法，即《干式冲击冷凝采样法》（Method 202），经过不断的优化改进，已经形成比较完善的测试方法，并被国内外广泛使用。干式冲击冷凝采样法工作原理如下。

首先，烟气依次经过采样嘴以及 FPM 过滤膜，在此过程中可过滤颗粒物被滤膜捕集。然后，烟气经过冷凝管和前两个撞击瓶（水浴，水温保持不超过 30℃），温度降至 30℃后，经过 CPM 过滤膜。最后，烟气经过后两个冲击瓶（冰浴，第一个撞击瓶中装 100ml 水，第二个撞击瓶中装 200～300g 硅胶）。CPM 取自于 FPM 滤膜与 CPM 过滤膜之间的所有玻璃器皿上凝结的部分以及 CPM 过滤膜上捕集的部分。采样过程是将采样头拓展部分、冷凝管、撞击瓶、CPM 采样托盘前半部分以及连接件依次用去离子水冲洗两次（收集于容器 1 中），随后再用丙酮冲洗一次、用正己烷冲洗两次（收集于容器 2 中）。分别测试容器 1 和容器 2 中的无机组分和有机组分，两者之和即为 CPM 的总质量。

采样过程中颗粒态 CPM 的形成与实际进入大气的情况有出入，因此冲击冷凝采样法容易引起测试结果偏差。近年来，该方法经过多次改进后能显著减少 SO_2 溶解、气相和超细颗粒物态 CPM 逃逸等引起的测试误差，特别是高 SO_2 浓度烟气测试，正偏差能够降低 85%～95%。

我国基于 Method 202，对测试方法进一步优化改进，发布了《燃煤电厂烟气中可凝结颗粒物测试方法—干式撞击瓶法》（DL/T 2091—2020），其工作原理和操作方法与 Method 202 类似，装置示意如图 4-4 所示。

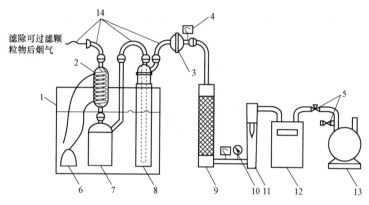

图4-4　可凝结颗粒物收集装置示意

1—水浴箱；2—蛇形冷凝管；3—过滤组件；4—温度计；5—调节阀；6—循环泵；

7—一级撞击瓶；8—二级撞击瓶；9—干燥器；10—压力表；11—流量计；

12—累积流量计；13—抽气泵；14—连接管

69. 什么是稀释冷凝采样法？

答：美国环境保护署于2004年提出了《固定污染物颗粒物测试的稀释冷凝采样法》（CTM 039），国际标准化组织（ISO）也于2013年发布了类似的稀释采样法《固定源排放—使用旋风采样器测定烟囱气体中 $PM_{2.5}$ 和 PM_{10} 质量的测试方法》（ISO 25597：2013）。稀释冷凝采样法工作原理如下。

采用预测流速的等速采样法从烟道内抽取高温烟气，首先进入采样枪前端烟道内采样的 $PM_{2.5}$ 和 PM_{10} 旋风切割器，粒径小于2.5μm 的 FPM 和 CPM 随烟气进入加热采样枪和文丘里管；然后在混合锥中与干燥洁净的空气混合稀释，并冷却至大气环境温度，冷却后的混合气进入停留室，一段时间后颗粒物被采样器捕集。采样过程中需要调节稀释空气温度，确保混合气温度不高于30℃。

该方法同时采集了烟气中的可过滤 $PM_{2.5}$ 和 CPM，测试结果为总 $PM_{2.5}$，能够反映烟气中 $PM_{2.5}$ 真实排放情况，但无法单独测定 CPM。由于该方法模拟大气环境中 CPM 冷凝效果，因此稀释采样装置体积比较大，设备比较笨重，携带不便，颗粒样品回收过程复杂，限制条件较多，现场测试较为不便。

近年来，稀释冷凝采样法采样装置优化改进较大，但由于其工作原理及装置设计造成其在国内现场测试平台布置使用较为困难，FPM 和 CPM 分离采样和便携化是该方法采样装置的发展方向。

70. 燃煤中硫分与可凝结颗粒物排放浓度的关系是什么？

答： 煤燃烧过程中，硫分在高温条件下会氧化转化为 SO_2 和 SO_3，其中 SO_3 约占 SO_2 浓度的 1%。煤电行业实施烟气超低排放后，90%以上的燃煤机组配备了 SCR 脱硝装置，采用钒钛催化剂，具有将 SO_2 催化氧化成 SO_3 的能力，SO_2/SO_3 转化率约 1%。因此，脱硝装置出口烟气中的 SO_3 浓度约占 SO_2 浓度的 2%。SO_3 作为 CPM 的主要组成部分，是 SO_4^{2-} 的主要来源，对可凝结颗粒物排放浓度的影响不容忽视。同等条件下，燃煤硫分越高，烟气中 SO_3 浓度越高，可凝结颗粒物排放浓度越大。

如图 4-5、图 4-6 所示，华电电科院测试结果表明，燃煤中硫分对总排口烟气中 FPM 排放量无明显影响，但对 CPM 的排放量有显著影响。CPM 总排放浓度、有机组分排放浓度、无机组分排放浓度均与燃煤硫分有较显著关系。除排放量外，燃煤硫分还影响着总排口烟气中 CPM 组成特性，燃煤硫分高，CPM 中无机组分和有机组分的浓度也高，且无机组分占比也高。无机组分是影响不同含硫量煤种 CPM 排放浓度的主要因素。

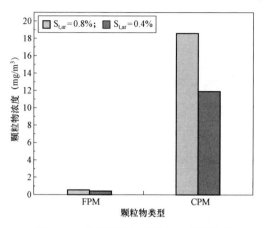

图 4-5　燃煤硫分与颗粒物浓度的关系

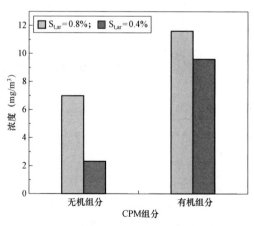

图 4-6　燃煤硫分与 CPM 组分浓度的关系

71. 燃煤中挥发分与可凝结颗粒物排放浓度的关系是什么？

答：燃煤中挥发分对 CPM 排放浓度的影响主要体现在燃煤过程多环芳烃（PAHs）的生成，而 PAHs 作为 CPM 有机组分的主要物质之一，其浓度对 CPM 排放浓度有一定影响。影响燃煤生成 PAHs 的因素有很多，主要分为内在因素和外在因素。内在因素主要指煤自身的组成特性，包括煤种、重金属含量、S 含量、Cl 含量等。外在因素主要指燃烧方式、燃烧温度、燃烧气氛、过量空气系数、停留时间等。

在煤燃烧过程中，挥发分含量越高，燃烧过程中更容易生成 PAHs，而煤中固定碳含量升高时，燃烧过程中 PAHs 的生成量相对减少。对于同一类型的燃煤，变质程度越大，PAHs 的生成量也越大，且更容易生成高环 PAHs。燃煤中的金属氧化物对有机自由基的高温氧化有催化作用，燃煤灰分高时，其中的金属无机物可以促进低环 PAHs 和其他低分子有机物生成。

CPM 中高环 PAHs 的含量相对较低，燃煤煤质、燃烧条件、烟气净化装置等因素均会影响 PAHs 排放，超低排放技术改造有利于减小 CPM 中高环 PAHs 的排放量。

72. 烟气中排气水分含量与可凝结颗粒物排放浓度的关系是什么？

答：烟气中排气水分含量对可凝结颗粒物排放浓度的影响主要体现在 SO_4^{2-}、NO_3^-、NH_4^+ 和 Cl^- 等水溶性离子上。根据烟气中 SO_3 迁移转化规律，随着冷凝温度的降低、烟气中的排气水分含量的增大，SO_4^{2-} 浓度会增加。在 WESP 内的低温、高湿条件下，烟气中存在的 SO_2 与 NO_2 会结合水蒸气发生氧化还原反应，经过协同作用促进 CPM 中 SO_4^{2-} 的生成。烟气中的水分能够直接影响 NO_x 向颗粒物转化，低温、高湿环境更有利于提高 NO_3^- 在颗粒物中的比例。烟气温度下降时，NO_2^-、NO_3^-、NH_4^+ 等无机水溶性离子质量浓度不断上升。当烟气温度降低幅度较小且烟气湿度未饱和时，NO_2^-、NO_3^-、NH_4^+ 等无机水溶性离子浓度会随着绝对湿度的增长而增长。当烟气温度降低幅度较大且烟气湿度过饱和时，

NO_2^-、NO_3^-、NH_4^+等无机水溶性离子浓度大幅增加，同等温度下，烟气湿度过饱和度越大，浓度越高。

烟气中 HCl、HF、NH_3 等气体组分在降温冷凝过程中，大部分与冷凝产生的液态水进行化学反应，转化成可溶性无机盐离子，在烟气条件下以无机盐颗粒形式存在，当外排大气环境时，环境条件变化使这些无机盐颗粒物溶于液滴中，形成 CPM，导致 CPM 排放浓度增大。

73. 脱硝装置对可凝结颗粒物排放的影响是什么？

答：目前，SCR 脱硝技术广泛应用于燃煤电厂，市场占有率达 90%以上。该技术使用的钒钛催化剂具有较高的脱硝效率和选择性，但同时也促进部分 SO_2 氧化为 SO_3。由于烟气参数和化学反应特性，少量气态 NH_3 随烟气流出脱硝装置，形成逃逸氨。NH_3 和 SO_3 随烟气迁移过程中，随着温度、湿度等条件发生变化，大部分会转化成 NH_4^+、SO_4^{2-}、NH_3 气溶胶和 SO_3 气溶胶，成为 CPM 中的主要无机组分，导致烟气中 CPM 浓度增加。

SNCR 脱硝技术也是应用于燃煤电厂的典型脱硝技术，不需要安装脱硝催化剂，不存在烟气中 SO_2 催化氧化成 SO_3 导致烟气中 SO_3 浓度增加的情况，但 SNCR 脱硝效率较低，氨逃逸浓度设计限值为不高于 $7.8mg/m^3$，高于 SCR 设计限值 $2.28mg/m^3$，实际运行条件下氨逃逸浓度可能高于设计限值。因此，逃逸氨会转化成 NH_4^+ 和 NH_3 气溶胶，导致烟气中 CPM 浓度增加。由于 SO_3 浓度与氨逃逸浓度之间存在量级差，因此，SCR 脱硝技术对 CPM 排放浓度的影响大于 SNCR 脱硝技术。

煤电行业实施烟气超低排放后，经过脱硝装置后烟气中的 NH_3 和 SO_3 会被下游设备捕集和去除。首先在空气预热器冷端会形成硫酸氢铵沉积物；其次经过干式除尘器时，粉煤灰能吸附捕集烟气中 90%的 NH_3；最后，进入石灰石－石膏湿法脱硫装置的

烟气中的 NH_3 绝大部分被脱硫浆液吸收,少量 NH_3 气溶胶和可溶性 NH_4^+ 随外排烟气进入大气环境。低低温电除尘器 SO_3 脱除率在 80% 以上,石灰石 – 石膏湿法脱硫装置的 SO_3 脱除率在 50%~60% 之间,如果湿法脱硫装置下游还布置有湿式电除尘器,那么进入大气环境的 NH_3 和 SO_3 会更少。

74. 低低温电除尘器对可凝结颗粒物排放的影响是什么?

答: 低低温电除尘器实际上是在静电除尘器入口处安装了热交换装置,将静电除尘器入口处的烟气温度从 120~160℃ 降低到 85~95℃。

(1)该技术通过降低烟温,能使烟尘比电阻降低、烟气流量降低、气体的黏滞性减小等,十分有利于颗粒物的去除。

(2)该技术将烟气温度降至酸露点以下,烟气中的 SO_3 冷凝并吸收烟气中的水分形成硫酸雾,由于硫酸具有极强的吸水性,硫酸雾转化成硫酸液滴附着在粉煤灰颗粒表面。在高能电场内,烟气中的 SO_3 与粉煤灰一起被去除,去除效率可达 80% 以上。

(3)一方面,烟气中的 NH_3 在高强电场内与粉煤灰颗粒发生高频碰撞,被硫酸液滴捕获,转化成硫酸氢铵颗粒;另一方面,电场内的粉煤灰比表面积大,并且携带大量电荷,具有良好的吸附能力,大量 NH_3 被粉煤灰颗粒微孔捕集和表面吸附。烟气中的 NH_3 以硫酸氢铵颗粒和粉煤灰颗粒吸附的方式被去除,大大降低了低低温电除尘器出口烟气中的 NH_3 浓度。

烟气中粉煤灰颗粒吸附一定程度的硫酸雾和水分后,在表面形成一层液膜,当两个粒子发生碰撞时,在粒子之间因液体的表面张力会形成"液桥",将两个粒子黏附在一起形成大颗粒,从而被收尘极捕集去除。如图 4 – 7 所示,随着进口烟温的降低,低低温电除尘器对总颗粒物和细颗粒物的脱除效率逐渐提高。同时,低低温电除尘器还可以提高除尘器出口粉煤灰颗粒的平均粒径,由小于 2.5μm 提高到 2.5μm 以上，烟气中的细颗粒物及 CPM 通过这种方式"长大"而被去除。

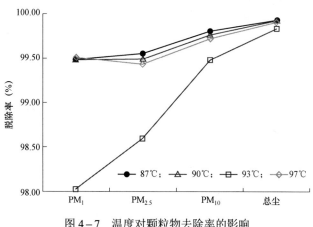

图4-7　温度对颗粒物去除率的影响

部分机组在烟囱入口段装设烟气换热器，使烟气温度由 50℃ 提升到 80~90℃，烟气中含水量保持不变，相对湿度降低，能够减少烟囱出口白雾的生成，但不减少排入大气的水分量，对 SO_3 气溶胶的消减能力很弱，部分蒸干成无机盐颗粒的液滴排入大气后会重新凝结，因此对 CPM 排放浓度几乎没影响。

因此，低低温电除尘器对 CPM 排放浓度的影响主要表征为直接降低了 CPM 的排放浓度，还协同脱除了烟气中的 SO_3 和 NH_3，对减少 CPM 的排放浓度有重要贡献。

75. 湿法脱硫装置对可凝结颗粒物排放的影响是什么？

答：石灰石-石膏湿法脱硫技术被广泛用于燃煤烟气脱硫。湿法脱硫装置对 CPM 的去除机制主要包括：① 烟气进入脱硫系统后温度迅速下降，CPM 发生冷凝、吸附、吸收等过程，被脱硫浆液捕集后随脱硫石膏排出。② 部分无机组分可能与脱硫过程反应物、产物发生化学反应，使得 CPM 无机组分被更高效地脱除。无机组分水溶性强，其脱除效率高于有机组分的脱除效率。③ 浆液喷淋对烟气的冲刷、洗涤使烟气中细微颗粒物长大、无机离子被捕集的几率增加，进一步提升了 CPM 去除率。

燃煤烟气进入脱硫塔内，与喷淋的脱硫浆液进行一系列化学反应，发生强烈的传热传质现象，因此湿法脱硫装置对烟气中颗粒物的理化特征产生一定影响。用于烟气脱硫的石灰石浆液 pH 值在 9～11 之间，在吸收塔内能够与大部分酸性气体发生化学反应，如 SO_2、HCl、HF、SO_3、NO_2 等，这些酸性气体最终转换成可溶性离子进入脱硫浆液，随脱硫石膏浆液排出脱硫塔。脱硫塔内浆液 pH 值控制在 5.2～5.8 之间，烟气中的 NH_3 也会被脱硫浆液吸收。

CPM 作为 $PM_{2.5}$ 的重要组成部分，烟气净化装置在去除烟气中 $PM_{2.5}$ 的同时也去除了其包含的 CPM。湿法脱硫装置能够有效脱除粒径大于 2.5μm 的细颗粒物，而对 $PM_{2.5}$ 及粒径更小的亚微米颗粒物脱除效果并不明显，也反映出湿法脱硫装置对烟气中呈颗粒态的 CPM 排放浓度的影响不大。

湿法脱硫装置出口烟气中 CPM 有机组分占比高于无机组分。相对无机组分而言，有机组分的排放控制可能更复杂、难度更大，这不仅与有机组分的成分复杂多样有关，还与有机组分的理化特性有关。有机组分普遍表现出疏水性，很难与脱硫浆液发生吸附、溶解、反应等，被脱硫浆液捕集的可能性较小。湿法脱硫装置能够降低烟气中 CPM 的排放浓度，但对有机组分和无机组分的脱除能力尚无定论。根据华电电科院测试结果，典型湿法脱硫装置进、出口 CPM 控制效果如图 4-8 所示。

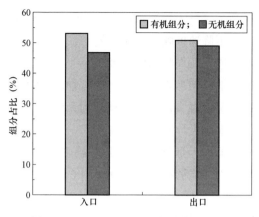

图 4-8　WFGD 对 CPM 排放特性的影响

76. 湿式电除尘器对可凝结颗粒物排放的影响是什么？

答：湿式电除尘器的除尘机理与静电除尘器类似，差异在于湿式电除尘器采用冲洗水清灰方式，在收尘极板上形成了液膜，然后捕集烟气中的细颗粒物。根据国内湿式电除尘器的实际运行情况分析，湿式电除尘器的除尘效率和 SO_3 脱除率可达 80%以上，雾滴脱除率可达 70%以上，$PM_{2.5}$（含 CPM）脱除率可达 75%以上。

CPM 的粒径小于 2.5μm，大部分 CPM 的粒径小于 1μm，因此基于湿式电除尘器的除尘机理，促进烟气中颗粒物粒径变大有利于脱除 CPM，提高湿式电除尘器除尘效率能有效降低 CPM 排放浓度。影响湿式电除尘器除尘效率的主要因素有入口烟气中颗粒物的粒径、电流电源、烟气流速和烟气相对湿度等。入口烟气中颗粒物的粒径是影响湿式电除尘器除尘效率的关键因素，随着颗粒物粒径增大，烟尘和液滴的荷电量增加，烟尘和液滴所受电场力增大，颗粒物的驱进速度提高，除尘效率也明显提高。随着湿式电除尘器电流电压的增大，电场强度也增大，颗粒物在电场中荷电效应增强，颗粒物所受的电场力增大，偏移距离增加，除尘效率显著提高。烟气入口流速越大，烟气停留时间越短，除尘效率会下降，但下降速度随入口流速的增加而不同。当入口流速较小时，提高流速，颗粒物的脱除效率迅速下降，当入口流速增加到一定值时，继续增加入口流速，颗粒物的脱除效率下降程度变缓。烟气相对湿度越大，可凝结颗粒物无序运动的束缚越强，被凝并捕集的概率越大，除尘效率越高。

湿式电除尘器作为烟气净化治理终端设备，具有高效的多污染物协同脱除能力，能够有效降低烟气中 CPM 浓度。

第五章

细 颗 粒 物（PM₂.₅）

77. PM₂.₅的定义是什么？

答： GB 3095—2012《环境空气质量标准》中明确定义 PM₂.₅ 为"环境空气中空气动力学当量直径小于等于 2.5μm 的颗粒物，也称细颗粒物"。

根据上述定义，PM₂.₅ 并不是简单的粒径小于等于 2.5μm 的颗粒物。粒径是颗粒物重要的物理特性之一，对于球形颗粒，颗粒物粒径即球形直径；而对于燃煤飞灰等非球形颗粒物，一般采用等效球形直径的方法来表征颗粒物的粒径。颗粒物粒径的主要等效表征方法包括投影直径（显微镜法），筛分直径，几何当量直径（光学直径等）和物理当量直径（沉降法、Stokes 直径、空气动力学当量直径、电迁移直径等）。其中，光学直径和空气动力学当量直径由于其颗粒特性适应广、测量准确性高，测量速度快和可在线测量等特点，成为近年来广泛使用的颗粒物粒径表征方法。光学直径采用光学散射法测量，主要分为衍射法、全散射法、角散射法和光子相关光谱法。燃煤电厂最常规的浊度仪采用的就是全散射法。燃煤烟气中的常规粉尘采样，比如滤筒和滤膜采样，其原理类同于布袋除尘，如果前端添加空气动力学粒径切割，则采集的颗粒物的粒径表征即为空气动力学直径。

空气动力学当量直径表征的是在空气中，当颗粒物的运动处于层流区（即雷诺数 $Re < 0.2$），与颗粒物自由沉降速度相同的单位密度（$\rho_p = 1g/cm^3$）的圆球直径。由此可知，对于外形和尺寸大小完全相同的两种颗粒物，当两者的密度不同时，其空气动力学

当量直径会出现明显区别。仔细对比相同外形和尺寸的氢气球和氧气球可以发现，氢气球由于密度小于单位密度，不能做自由沉降的等效替换，因此不存在空气动力学当量直径。这充分说明空气动力学当量直径并不是单纯反映颗粒物形态和大小等几何特性的粒径表征方法，其注重的是颗粒物在流体中的空气动力学特性的表征。

78. 燃煤过程中 $PM_{2.5}$ 是如何生成的？

答：燃煤锅炉排放的 $PM_{2.5}$，主要是指燃烧过程中直接产生的矿物质颗粒物和碳质颗粒物，也即飞灰和含碳颗粒物。

矿物质颗粒物由煤炭中的矿物质转化而来，包括外在矿物质和内在矿物质。外在矿物质主要是在煤炭的挖掘和装运过程中混入的矿物质。内在矿物质分为原生矿物质和次生矿物质，其中原生矿物质是与煤炭中的有机官能团连接的矿物质，次生矿物质是煤炭形成过程中镶嵌在煤炭颗粒中的矿物质。矿物质颗粒物的生成是一个复杂的物理化学过程，根据颗粒物的粒径大小可以划分为亚微米颗粒物（空气动力学粒径小于 $1\mu m$）和超微米颗粒物（空气动力学粒径大于 $1\mu m$）。亚微米颗粒物主要由矿物质通过气化、凝结和长大的途径产生。煤燃烧过程中，容易气化的矿物质会气化成蒸气，通过均相成核和异相凝结的方式形成小颗粒，小颗粒通过碰撞凝并或烧结聚集的方式形成大颗粒。超微米颗粒物主要由内在矿物质的聚合作用以及外在矿物质的破碎、熔化和聚合作用生成。煤燃烧过程中，外在矿物质主要通过破碎、熔化、聚合等作用生成超微米颗粒物，而内在矿物质主要通过气化、凝结、长大等作用生成亚微米颗粒物。

碳质颗粒物主要为元素碳、有机碳和碳酸盐三类，煤燃烧过程中主要生成元素碳，即炭黑，其粒径在 $0.1\sim3\mu m$ 之间，是燃煤 $PM_{2.5}$ 的主要成分之一。煤中挥发分在氧浓度较低区域通过脱氢反应形成炭黑颗粒，经过凝结、长大等作用形成的。

79. PM$_{2.5}$对人体及环境有哪些危害？

答： PM$_{2.5}$的来源主要分为自然生成和人为排放两种，其中人为排放中的工业源排放是主要来源。基于我国能源消费现状和大气污染现状可以发现，煤炭的大量使用，包括燃煤电站锅炉燃烧，已成为我国 PM$_{2.5}$污染的重要来源之一。

高浓度的 PM$_{2.5}$ 会对人体健康和大气环境产生重要影响，严重阻碍经济社会的可持续发展。PM$_{2.5}$的颗粒物粒径小，可以穿透人体呼吸系统的防御进入人体肺部并沉积下来。研究表明，粒径范围为 0.01~0.1μm 的颗粒物进入人体肺部后有 50%左右可以沉积下来，引发人体各种尘肺病。粒径更小的颗粒物，则可以穿透肺泡进入人体血液循环系统，引起人体的心血管疾病，如血栓和高血压等。同时，PM$_{2.5}$由于比表面积较大，理化活性高，富集了大量有毒有害物质，如重金属、致癌有机化合物等，随着 PM$_{2.5}$在人体肺部的沉积聚集甚至进入人体血液循环系统，大量强致癌物质会严重危害人体的健康，引发人体的呼吸系统、血液系统和生殖系统等多器官的疾病，甚至会产生致癌、致畸、致突变等作用。世界卫生组织的研究表明，长期暴露于浓度范围为 9.0~33.5μg/m^3 的 PM$_{2.5}$污染环境中，与死亡率的增加有密切联系。

除了对人体健康的危害，PM$_{2.5}$也是造成大气能见度降低和形成灰霾的主要原因。根据气象学定义，灰霾是指大量非常细小的干粉尘颗粒物悬浮在空气中，使大气水平能见度小于 10km 的空气混浊现象。由于 PM$_{2.5}$可以长时间悬浮在空气中形成气溶胶，一方面，可以与大气产生非均相化学反应，形成光化学烟雾和酸雨，并能在一定程度上加剧地球的温室效应；另一方面，借助空气的流通，PM$_{2.5}$可以实现长距离输送，从而使污染范围不断扩大。

80. 国内外 PM$_{2.5}$的排放控制标准是多少?

答: 自 20 世纪 80 年代以来,颗粒物对人体健康和大气环境的危害已经引起国际社会的高度重视,世界各国都相继制定了严格的空气质量标准作为颗粒物排放控制的依据,其中针对 PM$_{2.5}$污染的控制尤为严格。表 5-1 所示为美国、欧盟、日本、澳大利亚和世界卫生组织等国家和组织制定的关于 PM$_{2.5}$的空气质量标准。鉴于我国严峻的大气污染形势,生态环境部和国家质量监督检验检疫总局于 2012 年 2 月 29 日联合发布了 GB 3095—2012《环境空气质量标准》,并于 2016 年 1 月 1 日起强制实施,该标准首次明确提出了 PM$_{2.5}$的浓度限值,见表 5-1。

表 5-1 部分国家和组织 PM$_{2.5}$排放执行标准对比

发布年份	实施日期	国家或组织		年平均浓度（μg/m³）	日平均浓度（μg/m³）
2006	2006 年 12 月 17 日	美国		15	35
2010	2015 年 1 月 1 日	欧盟		25	40
2009	2009 年 9 月 9 日	日本		15	35
2005	2008 年	澳大利亚		8	25
2005	2006 年	世界卫生组织	过渡时期目标-1	35	75
			过渡时期目标-2	25	50
			过渡时期目标-3	15	37.5
			空气质量准则值	10	25
2012	2016 年 1 月 1 日	中国	一类地区	15	35
			二类地区	35	75

由表 5-1 可知,相关国家和组织对于 PM$_{2.5}$排放限值的执行标准主要处于世界卫生组织推荐的"过渡时期目标-3"(IT-3)附近,其中澳大利亚的执行标准最为严格,其 PM$_{2.5}$的年平均浓度值优于世界卫生组织推荐的空气质量准则值。我国虽然对于

PM$_{2.5}$排放限值的执行标准制定较晚，但是一类地区的执行标准已经跟世界主要国家和组织的执行标准接轨，也处于世界卫生组织推荐的"过渡时期目标–3"（IT–3）附近。由于我国大量使用煤炭，同时火力发电占据了绝大部分的煤炭使用份额，为了达到PM$_{2.5}$的排放控制要求、降低PM$_{2.5}$的污染，我国于2011年颁布了新修订的GB 13223—2011《火电厂大气污染物排放标准》，其中规定燃煤锅炉的烟（粉）尘排放限值为30mg/m^3，重点地区甚至达到20mg/m^3。2014年9月12日，国家发展改革委、生态环境部和国家能源局联合发布了《煤电节能减排升级与改造行动计划（2014～2020年）》（发改能源〔2014〕2093号），提出以燃气轮机排放限值为目标的超低排放标准，这使得火力发电厂排放的烟（粉）尘浓度不超过10mg/m^3，在实际执行中部分省（自治区、直辖市）要求烟（粉）尘排放浓度不超过5mg/m^3。

81. 典型燃煤电厂 PM$_{2.5}$ 排放现状如何？

答：研究表明，燃煤锅炉烟气中的PM$_{2.5}$占飞灰总体的20%～60%。煤粉炉排放颗粒物中，PM$_{2.5}$的质量浓度分布为单峰分布，峰值粒径一般在0.2μm左右，个别大容量煤粉炉排放的烟气中大粒径颗粒物较多，其中PM$_{2.5}$的峰值粒径在0.31μm，而小容量煤粉炉PM$_{2.5}$的峰值粒径在0.12μm左右。

锅炉类型及采用的脱硫工艺对PM$_{2.5}$浓度存在影响。相比循环流化床，煤粉炉在小粒径段颗粒物的浓度占比更大；相对干法喷钙脱硫工艺，湿法脱硫工艺在小粒径段颗粒物的浓度占比更大。

燃煤电厂排放的PM$_{2.5}$中检测最为丰富的离子是SO$_4^{2-}$，Na$^+$和Ca^{2+}次之，其他离子（以无机元素Si、Al、Ca、Na、Fe等地壳元素为主）检出量较小；PM$_{2.5}$排放因子范围为0.001～0.028kg/t，除尘设施组合越复杂先进，排放因子就可能越小。

82. 什么是固定源 PM$_{2.5}$ 惯性撞击分级采样法？

答：固定源 PM$_{2.5}$ 直接采样方法指的是将等速采样器直接放入烟道中，在烟气温度下等速抽取一定量的烟气，通过捕集装置收集可过滤颗粒物 PM$_{2.5}$ 的方法。惯性撞击分级采样法是典型的固定源 PM$_{2.5}$ 直接采样法，也是目前国内唯一被标准化的固定源 PM$_{2.5}$ 采样方法，即 DL/T 1520—2016《火电厂烟气中细颗粒物（PM$_{2.5}$）测试技术规范 重量法》，对应的国际标准为 ISO 23210：2009。

惯性撞击分级采样法是利用不同粒径颗粒物的惯性不同，当烟气经过加速喷嘴后做 90° 变向运动，小粒径的颗粒物容易跟随气流进入下游，大粒径颗粒物由于惯性大不容易随气流变向从而被收集板捕集。惯性撞击分级采样中各级收集板所收集的并不是完全的空气动力学当量直径颗粒物，而是空气动力学切割粒径颗粒物。空气动力学切割粒径是指烟气经过某一级收集板时，某一粒径颗粒物的 50% 被收集到收集板上，剩余的 50% 颗粒物随气流进入下游。DL/T 1520—2016 中规定的惯性撞击分级采样器通过 3 级收集板将烟气颗粒物划分为大于 10μm，10～2.5μm，和不大于 2.5μm 三个不同粒径段，同时在尾部添加滤膜收集粒径特别小的颗粒物（0.047μm 以上）。受限于惯性撞击分级采样的原理和采样器的本体尺寸，惯性撞击分级采样法适用于低浓度烟尘的颗粒物采样（一般为 40mg/m^3 以下），同时饱和湿烟气的颗粒物直接采样不适用该方法。这主要是因为高浓度烟尘中颗粒物容易造成收集板过载，形成颗粒物的反弹和再悬浮，影响切割粒径的准确性，同时饱和湿度下颗粒物的空气动力学特性同样受到严重影响。针对饱和湿烟气的颗粒物采样需要将采样烟气进行加热，使烟气温度高于露点温度。

此外，DL/T 1520—2016 中规定 PM$_{2.5}$ 直接采样的采样孔内径宜大于 110mm，采样孔管长宜不大于 50mm，而现行的固定源烟尘采样标准中规定的采样孔内径不小于 80mm，因此现有的烟尘采样孔基本不符合固定源 PM_{2.5} 惯性撞击分级采样的需求，需要额外配备加长的采样管路将惯性撞击分级采样器放置于烟道外，同时需要考虑采样管路的保温措施。

83. 什么是固定源 PM_{2.5} 虚拟惯性撞击分级采样法？

答：固定源 PM_{2.5} 虚拟惯性撞击分级采样法同样依靠不同粒径可过滤颗粒物的惯性不同，但是把传统惯性撞击分级采样的收集板替换为收口，收口和加速喷嘴为上下同轴的两个喷嘴，当烟气经过加速喷嘴后一分为二，大部分烟气做 90º 变向运动，小部分烟气进入收口，小粒径的颗粒物容易跟随气流做变向运动进入下游，大粒径颗粒物由于惯性大不容易随气流变向从而进入收口被捕集。与惯性撞击分级采样相同，虚拟惯性撞击分级采样中各级收口所收集的同样不是完全的空气动力学当量直径颗粒物，而是空气动力学切割粒径颗粒物。虚拟惯性撞击分级采样法目前国内没有相应的标准支撑，国际标准为 ISO 13271：2012。ISO 13271：2012 同样通过 3 级收集板将烟气颗粒物划分为大于 10μm，10～2.5μm，和不大于 2.5μm 三个不同粒径段，同时在尾部添加滤膜收集粒径特别小的颗粒物（0.047μm 以上）。虚拟惯性撞击分级采样法替代传统惯性撞击分级采样法可以避免收集板过载造成的颗粒物反弹和再悬浮问题，可采样的烟尘浓度达到 200mg/m^3。同时，该方法针对饱和湿烟气的颗粒物采样同样需要将采样烟气进行加热，使烟气温度高于露点温度，以避免水汽的凝结影响颗粒物的空气动力学特性。根据 ISO 13271：2012 制作的虚拟惯性撞击分级采样器同样不能满足我国现行的 80mm 固定源烟尘采样口直径，需要额外配备加长的采样管路将虚拟惯性撞击分级采样器放置于烟道外，同时需要考虑采样管路的保温措施。

84. 什么是固定源 PM$_{2.5}$ 旋风分级采样法?

答: 固定源 PM$_{2.5}$ 旋风分级采样法是利用气流旋转运动过程中对可过滤颗粒物的离心力作用,其基本原理与燃煤电厂(循环流化床锅炉)现有的旋风分离器相同。不同粒径的颗粒物所受的离心力不同,大粒径颗粒物所受离心力大,容易脱离气流沉积在旋风分级器的内壁面;小粒径颗粒物所受离心力小,容易跟随气流流出分级器。旋风分级采样法目前国内没有相应的标准支撑,国际标准为美国环保署的标准(US EPA 201A)。US EPA 201A 采用串联两级旋风采样器和后置滤膜,同样将烟气颗粒物划分为大于 10μm、10~2.5μm 和不大于 2.5μm 三个不同粒径段,第一级 PM$_{10}$ 旋风采样器用于分离粒径大于 10μm 的颗粒物,气流在该级旋风采样器中经顶部的反向帽阻挡后,从灰斗方向流入第二级 PM$_{2.5}$ 旋风采样器,分离粒径大于 2.5μm 的颗粒物。粒径不大于 2.5μm 的颗粒物随气流从第二级旋风采样器的出气口流出后被滤膜捕集。旋风分级采样法利用旋风采样器的内壁面来替代惯性撞击分级器的收集板,可以避免收集板过载造成的颗粒物反弹和再悬浮问题,可采样的烟尘浓度达到 50mg/m³。同时,该方法针对饱和湿烟气的颗粒物采样同样需要将采样烟气进行加热,使烟气温度高于露点温度,以避免水汽的凝结影响颗粒物的空气动力学特性。根据 US EPA 201A 制作的旋风分级采样器同样不能满足我国现行的固定源烟尘采样口直径 80mm,需要额外配备加长的采样管路将旋风分级采样器放置于烟道外,同时需要考虑采样管路的保温措施。

85. 什么是固定源 PM$_{2.5}$ 稀释采样法?

答: 固定源 PM$_{2.5}$ 稀释采样法是基于大气环境的采样原理,将高温烟气从烟道中引出后与洁净空气混合,经稀释、降温后使烟气温度接近大气环境温度,然后用常规的大气颗粒物采样方法收集颗粒物。该方法能同时收集固定源的可过滤颗粒物和可凝结颗粒物，目前国内没有相应的标准支撑，国际标准为 ISO 25597：2013。ISO 25597：2013 首先采用 PM$_{10}$、PM$_{2.5}$ 两级旋风分级采样器串联分离粒径大于 2.5μm 的颗粒物，然后引入稀释通道中经过复杂的稀释、降温、混合过程，再通过 PM$_{2.5}$ 旋风采样器分离凝结后粒径大于 2.5μm 的颗粒物，最后通过滤膜捕集剩余粒径不大于 2.5μm 的颗粒物。稀释采样法的关键是稀释通道的选取，ISO 25597：2013 详细规定了稀释通道的气体稀释比应不小于 20:1，停留时间应不小于 10s，稀释后的滤膜处相对湿度小于 70%，且温度不大于 42℃。由于稀释采样法需要经过复杂的稀释、降温、混合过程，导致其采样系统比较复杂，目前该方法较多地应用于机动车污染排放的检测过程中，在燃煤电厂中暂时没有得到广泛应用。随着可凝结颗粒物对大气环境和人体健康的影响得到越来越多的重视，稀释采样法也将在燃煤烟气污染物的采样分析中发挥越来越大的作用。

86. PM$_{2.5}$ 高效荷电脱除的原理是什么？

答：颗粒物的荷电是静电除尘器实现颗粒物捕集脱除的关键，主要分为双极荷电和单极荷电两种形式。双极荷电是指同一时段内颗粒物同时受到两种不同极性电荷的荷电作用，荷电颗粒物容易受到异极性电荷的复合作用从而降低荷电效应。单极荷电是指同一时段内颗粒物主要以单一极性电荷的荷电作用为主导。常见的颗粒物单极荷电形式是电晕放电，尤其对于线板式或针板式的反应器结构，在线电极或者针端施加高电压会产生电晕放电现象，放电空间中的气体分子会被电离，产生大量离子和自由电子。以常见的负直流高压静电除尘器为例，在线电极周围极小的电晕放电区域内，同时存在大量正负离子和自由电子，在电场力的作用下负离子和自由电子向板电极移动，自由电子的迁移速率远远大于离子，而且自由电子的能量迅速降低难以通过激励或电离作用生成气体离子，只能通过附着在气体分子上形成负离子继续向板电极运动，因此线板式反应器的绝大部分空间中主要存在负极性电荷（负离子或自由电子）的荷电作用。

传统降尘手段如湿式除尘、机械除尘、静电除尘及过滤式除尘等，对粉尘中的 $PM_{2.5}$ 去除效果均不理想，结合湿式除尘和静电除尘的荷电水雾除尘是新型的降尘手段，能够在有效脱除 $PM_{2.5}$ 的前提下防止其二次扬尘，持续控制 $PM_{2.5}$ 质量浓度。

荷电水雾除尘原理是气液两相喷嘴在伯努力原理作用下，使液体在高速气体下破碎成液滴。对于喷嘴电极和金属圆环电极，喷嘴接地，金属圆环与负高压静电直流发生器连接，在两个电极之间形成非均匀电场。初始雾化后，液滴通过环形电极进行二次雾化，根据静电感应理论，水与喷嘴接触处形成很厚的偶电层。当水从喷嘴喷出后，水雾中的负电荷被接地喷嘴电极吸引导入地面，正电荷受到喷嘴电极排斥力和环形电极吸引力移至水雾表面，使其带正电，水雾感应荷电完成。传统气液两相喷雾水雾脱尘通过惯性碰撞、拦截捕集和扩散捕集共同作用实施捕尘，其中惯性碰撞和拦截捕集起主要作用。然而，$PM_{2.5}$ 惯性小，与水雾碰撞后运动轨迹会发生改变，绕开雾滴。另外，雾滴粒径较大，与 $PM_{2.5}$ 接触面积小，拦截捕集效率较低。而荷电水雾脱尘增加了静电捕集作用，在静电感应力存在时，雾滴表面张力降低，使雾滴进一步破碎，粒径减小、数目增多，显著增加了雾滴与颗粒物的接触面积。同时，加大了微细颗粒物之间的凝聚力，凝聚成大颗粒物，在重力作用下沉降，达到脱除目的。最重要的是，荷电水雾在镜像力的作用下，使粉尘带上与液滴相反电荷，在静电吸附力的作用下，可进一步促进微细颗粒物的团聚沉降。

87. PM$_{2.5}$电凝并脱除的原理是什么？

答：电凝并技术是提高 PM$_{2.5}$ 凝并脱除效率的最有效方法之一。传统除尘方式对 PM$_{2.5}$ 的捕集脱除能力有限，凝并技术通过物理或化学的作用促进颗粒物碰撞凝并长大从而进一步依靠传统除尘技术强化对 PM$_{2.5}$ 的捕集脱除效果。电凝并主要是通过提高 PM$_{2.5}$ 的荷电能力，促进荷电颗粒物以电泳的方式运动到其他颗粒物的表面，使颗粒物凝并长大的技术。电凝并主要有三种形式：① 异极性荷电颗粒物的库伦凝并，即荷不同极性电荷的颗粒物在恒定电场中通过库仑力作用而相互碰撞凝并；② 同极性荷电颗粒物在交变电场中的凝并，即荷相同极性电荷的颗粒物在交变电场中由于往复运动，荷电颗粒物之间存在相对运动或速度差，同时还存在荷电颗粒物的无规则热扩散运动，从而促进荷电颗粒物之间的相互碰撞凝并；③ 异极性荷电颗粒物在交变电场中的凝并，即荷不同极性电荷的颗粒物在交变电场中由于往复运动和库仑力的双重作用而相互碰撞凝并。

88. PM$_{2.5}$声波团聚脱除的原理是什么？

答：声波团聚是基于声学原理，采用高能量密度的声场促使颗粒物之间发生相对振动从而提高颗粒物碰撞几率以促进颗粒物的团聚。声波团聚包含了多种复杂的作用机理，如同向团聚作用、流体力学作用、声致湍流和声压辐射等，其中同向团聚作用和流体力学作用对颗粒物的声波团聚作用影响最大。同向团聚作用指的是声波使介质振动，带动气溶胶中的颗粒物振动，不同粒径的颗粒物由于惯性不同导致振幅不同，从而使颗粒物之间产生相对运动发生碰撞团聚。流体力学作用包括声波尾流效应和共辐射压作用。声波尾流效应主要基于颗粒物在声场中运动时周围流场的不对称性，在声场中相邻的两个颗粒物会被声波携带而振动，前面的颗粒物会在运动背面形成低压的尾流区，位于该区域的颗粒物会加速向前面的颗粒物靠近，在一个声波周期的下半部分，两个颗粒物的运动方向相反，两者会越来越靠近，几个声波周期后最终会相互碰撞团聚。共辐射压作用主要基于伯努利原理，当两个颗粒物连线垂直于声波方向受声场携带运动时，颗粒物内侧的气体介质流动速度增大，根据伯努利原理，该区域内的压力降低导致两个颗粒物相互靠近从而碰撞团聚。声致湍流主要是指声压级很大的声场导致气体介质发生湍流，其中粒径较大的颗粒物由于惯性较大无法随湍流快速运动从而与小粒径颗粒物碰撞团聚，同时由于湍流速度在空间上不均匀使得颗粒物之间产生相对运动导致碰撞团聚。声压辐射主要是指通过声波辐射导致颗粒物受力，由于不同粒径颗粒物的受力不同从而产生碰撞运动引起团聚。

89. $PM_{2.5}$ 化学团聚脱除的原理是什么？

答： 化学团聚是通过各种化学团聚促进剂的吸附、胶结和絮凝等物理和化学吸附作用使颗粒物团聚变大，从而提高后续除尘设备除尘效率的技术。目前燃煤电站应用的化学团聚技术主要有两种形式，即燃烧中团聚和燃烧后团聚。燃烧中团聚主要是在煤粉中混入固相化学团聚促进剂或在燃烧时直接喷入化学团聚促进剂。燃烧后团聚主要是在除尘器前的烟道内喷入化学团聚促进剂，在提高除尘器对 $PM_{2.5}$ 的脱除效率的同时，不会影响除尘器的工作。化学团聚技术的核心在于高效低廉的化学团聚促进剂，一方面，可以实现颗粒物的高效团聚并促进气态污染物的转化；另一方面，化学团聚促进剂在烟气中可以保持稳定的物理化学特性。

90. $PM_{2.5}$ 相变凝结长大脱除的原理是什么？

答： 相变凝结长大是在过饱和蒸汽环境中，水蒸气以细微颗粒物为凝结核发生相变凝结，促使颗粒物的粒径变大、质量增加，同时伴随着颗粒物和液滴的布朗运动，使颗粒物通过迁移碰撞进而团聚长大的技术。在目前燃煤电站的尾部烟气环境中，相变凝结长大技术主要应用于湿法脱硫装置或湿式电除尘装置中。相变凝结长大技术的核心是过饱和的水汽环境以及水汽和颗粒物的异相成核凝结效应。一般在湿法脱硫系统和湿式电除尘系统中会存在一定的相变凝结长大的效应，从而促进细微颗粒物长大后被捕集脱除。然而，燃煤颗粒物的主要元素 O、Al、Si 均表现出较强的憎水特性，从而具有较弱的润湿性能，不利于水汽在颗粒物表面的成核凝结，因此相变凝结长大技术的应用需要配合其他技术，或者通过增强颗粒物表面的润湿性能以实现水汽异相成核相变凝结效果的最大化。

91. 布袋除尘器脱除 PM$_{2.5}$的机理及效果如何？

答： 布袋除尘器脱除 PM$_{2.5}$ 的机理与其除尘机理相同，主要是依靠纤维过滤或膜过滤与颗粒过滤相结合的先进过滤技术脱除烟气中的颗粒物。燃煤电厂广泛采用纤维过滤与颗粒过滤相结合的方式，其过滤机制主要分为两个阶段：第一阶段主要体现为纤维材料的过滤机制，依靠惯性碰撞、拦截、扩散和静电吸引等作用拦截颗粒物并在滤料上形成一层颗粒物黏附层；第二阶段主要体现为纤维过滤和颗粒过滤相结合的筛分作用，该作用是布袋除尘器的主要滤尘机制之一。沉积在滤料上的颗粒物通过振打或反吹气流作用从滤料表面分离脱落到灰斗中。虽然布袋除尘器的基本工作原理相同，但是根据使用场景和目的的不同可以分为多种形式，如袋形可分为圆形袋和异形袋，还有内滤式和外滤式、上进气和下进气以及正压和负压等。布袋除尘器对燃煤电厂烟（粉）尘的脱除效率可达到 99.99%以上，但对 PM$_{2.5}$的脱除效率略低。相关研究结果表明，布袋除尘器对 PM$_{2.5}$的捕集脱除效率为 99.5%以上，部分机组的测试数据表明优化后的布袋除尘器对 PM$_{2.5}$的捕集脱除效率可以达到 99.95%，但其系统压降相对较大。相对于静电除尘器，布袋除尘器对颗粒物的脱除效率更高且运行稳定，一次性投资和场地占用面积较小，但是系统运行压降较大（为 1200～1500Pa），对烟气温度和湿度以及烟气分布较敏感，同时系统运行维护费用和能耗较高。

电袋除尘技术是将静电除尘器和布袋除尘器进行串联耦合，通过前端的静电除尘器将大部分的大粒径颗粒物脱除，同时也可以通过电凝并的效应使小粒径颗粒物碰撞凝并长大形成大粒径颗粒物便于脱除，一方面，可以减少后端布袋除尘器的除尘负荷；另一方面，粉尘荷电之后更容易被布袋除尘器过滤捕集。相关研究表明，电袋除尘器对 $PM_{2.5}$ 的捕集脱除效率可以达到 99.7%以上，部分机组的测试数据表明优化后的电袋除尘器对 $PM_{2.5}$ 的捕集脱除效率可以达到 99.97%。

92. 静电除尘器脱除 $PM_{2.5}$ 的机理及效果如何？

答：常规静电除尘器脱除 $PM_{2.5}$ 的机理与其除尘机理相同，主要分为四个步骤：

（1）气体电离。将线电极连接到高压直流电源上，在反应区域内产生强电场，电离该区域内的气体分子，产生电晕放电现象。

（2）颗粒荷电。带电粒子通过与反应区域内悬浮的颗粒物碰撞从而使颗粒物荷电。

（3）收尘。荷电颗粒物在外电场力的作用下运动到与其所带电荷极性相反的板电极上，从而使颗粒物从烟气中分离出来。

（4）清灰。当收尘极表面的积灰达到一定厚度时采用振打装置将积灰清理到灰斗中。

虽然静电除尘器的基本工作原理相同，但是根据使用场景和目的不同可以分为多种形式，如以荷电和收尘区域的合并与否分为单区和双区，还有管式和板式、卧式和立式以及正直流和负直流等，其中单区板式卧式负直流静电除尘器的使用最为广泛。静电除尘器具有较高的颗粒物脱除效率，设备运行阻力小（小于300Pa），运行能耗低（处理 1000m³/h 的烟气量耗电为 0.2～0.8kWh），适用范围广（温度小于 450℃），自动化程度高和运行维护费用低等优点，但是其一次性投资和场地占用面积较大，而且除尘效率容易受粉尘比电阻和烟气特性等影响。虽然静电除尘器在工业上得到广泛应用，并且其对烟（粉）尘的脱除效率可达到 99% 以上，通过优化控制甚至可高达 99.9%，但是其对细微颗粒物，尤其是对 PM$_{2.5}$ 的脱除效率普遍偏低，最低为 50% 左右。一方面，是因为细颗粒物在静电除尘器中难以荷电；另一方面，是收尘极上的细颗粒物由于振打作用脱落重新回到烟气中。

常规静电除尘器对 PM$_{2.5}$ 的脱除控制主要存在荷电困难、反电晕和收尘极板二次扬尘等问题，高效静电除尘器重点针对上述问题进行改进，促进了 PM$_{2.5}$ 的高效荷电和强化电凝并效应，主要包括高效电源、旋转电极和径流式除尘器等部分。相关研究结果表明，优化后的静电除尘器对 PM$_{2.5}$ 的捕集脱除效率可以达到 98.9%。

高效电源主要有高频电源、三相电源和脉冲电源三种。高频电源主要是将三相交流输入经高频逆变整流后输出纯直流高压电；三相电源可以有效提高二次电流和二次电压；脉冲电源是在工频直流电源上叠加间歇脉冲电压。这三者都能克服高比电阻颗粒物的荷电难题，从而促进 PM$_{2.5}$ 的高效荷电和强化荷电颗粒物的电凝并效应，同时抑制反电晕生成。

旋转电极和径流式除尘器主要抑制收尘极板的二次扬尘。旋转电极主要是将除尘器的末级电场阳极板改造成旋转模式，通过旋转刷替代传统的振打清灰方式，从而避免二次扬尘，同时还可以降低反电晕。由于旋转电极改造的是末级电场，因此对抑制PM$_{2.5}$ 的逃逸具有重要作用。径流式除尘器是将传统静电除尘器中收尘极板平行气流方向改造成垂直气流方向布置，使电场力的方向与气流方向在同一水平线上，使粉尘颗粒受到的流场作用力和电场作用力在同一方向，从而强化收尘极板的收尘效果。此外，径流式除尘器的收尘极板一般采用旋转电极布置，可以减少二次扬尘和抑制反电晕的生成。

93. 低低温除尘器脱除 PM$_{2.5}$ 的机理及效果如何？

答：低低温除尘器是在空气预热器和除尘器之间的烟道内布置低低温省煤器，将烟气温度从 120～160℃ 降到 90℃ 左右。低低温除尘器对 PM$_{2.5}$ 的脱除作用主要体现在五个方面：① 通过降低烟温来减少烟气量，从而提高比集尘面积，实现除尘效率的提升；② 通过降低烟温，实现了烟气增湿和 SO$_3$ 冷凝黏附在粉尘表面，从而降低粉尘的比电阻，促进电除尘器对粉尘的脱除；③ 通过降低粉尘的比电阻，可以避免反电晕的生成，从而有利于极板收尘；④ 由于烟气温度降低，大部分 SO$_3$ 发生相变冷凝成硫酸雾并黏附在粉尘表面，使得颗粒物形成凝并长大的效果，从而促进 PM$_{2.5}$ 的脱除；⑤ 由于大部分 SO$_3$ 在除尘器前冷凝析出，减少了 SO$_3$ 通过烟囱外排入大气中，从而减少了二次颗粒物的产生。

由表 5-2 可知，低低温除尘器可以提高除尘器出口粉尘平均粒径可将小于 2.5μm 的粉尘粒径提高到 2.5μm 以上，从而提升吸收塔对于粉尘的捕集能力。相关研究表明，低低温除尘器对细微颗粒物的捕集脱除具有明显作用，其 PM$_{2.5}$ 的减排效率可以达到 94%～97%。

表 5-2　　　　　　　　　　细微粉尘粒径分布统计

粒径（R）范围	占总粉尘的比例（%）	
	低低温除尘器未投运	低低温除尘器投运后
0<R≤2.5μm	1.12	0.14
2.5<R≤5μm	0.52	0.23
5<R≤10μm	2.49	0.35
合计	4.13	0.72

94. 湿法烟气脱硫装置协同脱除 PM$_{2.5}$的机理及效果如何？

答：湿法烟气脱硫工艺是目前主流的燃煤烟气 SO$_2$ 控制技术，尤其是石灰石－石膏湿法烟气脱硫工艺。常规湿法烟气脱硫装置主要通过两种方式实现脱硫提效，一种是强化气液传质装置，另一种是高效喷雾装置。目前，高效脱硫塔的协同除尘效应被广泛关注，其对 PM$_{2.5}$ 的脱除效果主要体现在以下几个方面：① 脱硫塔内的饱和湿度。水蒸气和细颗粒物之间存在均相成核和异相凝结的相互作用，促进 PM$_{2.5}$ 的相变凝并长大，从而有利于颗粒物的脱除。② 气液强化传质装置。通过气液湍流涡团实现气液的高效混合，增大了 PM$_{2.5}$ 与液滴之间的碰撞几率，从而促进 PM$_{2.5}$ 与液滴之间的团聚凝并，有利于 PM$_{2.5}$ 的脱除。③ 高效喷雾装置。极大地降低液滴粒径，提高 PM$_{2.5}$ 与液滴的接触面积，从而促进 PM$_{2.5}$ 与液滴之间的团聚凝并，有利于 PM$_{2.5}$ 的脱除。④ 部分高效脱硫塔采用托盘装置。其表面会形成滞液层，可以极大地增加对 PM$_{2.5}$ 的捕集效果。⑤ 脱硫塔顶部的高效除雾装置。其基本形式主要有平板式、屋脊式和旋流式三种，前两者改变烟气流向，依靠惯性碰撞原理增大捕集几率，后者是通过旋转分离机理，三者都存在壁面的液膜捕集作用。

图 5－1 所示为湿法脱硫塔出口的 PM$_{2.5}$ 排放特征。脱硫吸收塔出口烟气中颗粒物浓度由 90mg/m^3 降低到 20mg/m^3 时，PM$_{2.5}$占颗粒物的比重由 20%增大到 65%左右，可以看出随着脱硫系统出口烟气中颗粒物浓度的降低，其 PM$_{2.5}$ 占颗粒物的比重显著增大。这是由于湿法脱硫装置可以有效去除烟气中大粒径的一次颗粒物，而对 PM$_{2.5}$ 的脱除效果不明显，同时，脱硫浆液夹带也在一定程度上影响脱硫后烟气中细颗粒物的浓度。湿法脱硫系统中脱硫浆液经过喷嘴雾化形成脱硫浆液滴，浆液滴的设计喷淋覆盖率一般大于 200%；烟气进入吸收塔后，脱硫浆液与烟气逆向运动，烟气中颗粒物、浆液中颗粒物与气流三者之间会产生相互作

用，烟气中的大粒径颗粒物会在脱硫浆液洗涤过程中被捕集进入脱硫浆液中；同时细小脱硫浆液滴会被烟气挟带而排出脱硫系统，且液滴粒径越小，越易被烟气挟带。烟气流速、浆液浓度和浆液滴大小等因素均会影响脱硫浆液滴的烟气挟带效应，因此，当脱硫系统出口颗粒物浓度较低时，挟带的浆液滴内的颗粒物会对脱硫系统出口净烟气中 $PM_{2.5}$ 排放特性产生显著的影响，净烟气中 $PM_{2.5}$ 占烟气中颗粒物的比例会显著上升。

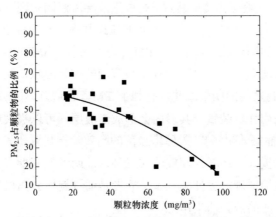

图 5-1　湿法脱硫塔出口 $PM_{2.5}$ 在颗粒物中占比情况

95. 湿法脱硫装置协同脱除 $PM_{2.5}$ 的影响因素有哪些?

答:（1）烟气流速影响。如图 5-2 所示，随着脱硫吸收塔内烟气流速的增加，脱硫净烟气中 $PM_{2.5}$ 的排放因子增大。当吸收塔内烟气流速由 2.5m/s 增至 4m/s（增加 1.6 倍），$PM_{2.5}$ 排放因子由 0.04kg/MWh 增至 0.10kg/MWh（增加 2.5 倍），$PM_{2.5}$ 排放因子的增长倍率大于吸收塔气速增长倍率。由于夹带的浆液滴颗粒物会对脱硫系统出口 $PM_{2.5}$ 排放特性产生显著的影响，而浆液滴颗粒物的夹带又涉及气、液、固三相的共同作用，这一过程受烟气流速的影响明显。随着吸收塔内烟气流速的提高，气、液、固三相的相对运动速度都增大，气、液、固三相的碰撞概率增大，碰撞会产生更多的细小脱硫浆液滴，容易被烟气夹带的脱硫浆液滴数量增加，造成更多的脱硫浆液滴进入烟气，导致脱硫系统出口$PM_{2.5}$的排放因子增大。

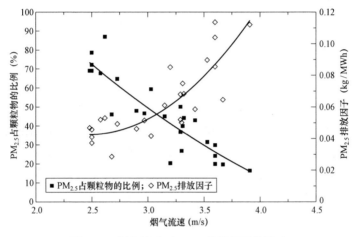

图 5-2　烟气流速对 $PM_{2.5}$ 排放因子的影响

同时可以看出随着脱硫吸收塔内烟气流速的增大，脱硫净烟气中 $PM_{2.5}$ 占颗粒物的比重降低。当吸收塔内烟气流速由 2.5m/s 增至 4m/s，$PM_{2.5}$ 占颗粒物的比重由 70%左右降低至 20%左右，说明随着吸收塔内烟气流速的提高，在气、液、固三相相对运动速度增加的过程中，大粒径的脱硫浆液滴也会被烟气夹带出脱硫系统，造成出口大粒径颗粒物浓度的增大。另外，由于脱硫吸收塔本身结构较为复杂，吸收塔进口采用侧部布置方式，当烟气进入脱硫吸收塔时本身就会存在横向的偏流，实际运行过程中随机组负荷变化流场会进一步恶化，这时会造成烟气在吸收塔上部喷淋层截面处的速度分布存在偏差，而随着吸收塔内烟气流速的提高，喷淋层截面处的流场分布偏差会进一步增大，导致局部烟气流速过高、烟气逃逸等问题，增大了塔内烟气的扰动，使烟气挟带更多的脱硫浆液滴，造成更多的细小脱硫浆液滴和一次性颗粒物随烟气排出脱硫系统。因此，在保证脱硫效率的前提下，可以通过提高吸收塔内烟气流场均布性和降低吸收塔内烟气流速来降低脱硫系统出口 $PM_{2.5}$ 的排放。

（2）液气比影响。液气比是脱硫系统的一项关键控制参数，对 SO_2 和颗粒物的脱除都有直接的影响。在不同入口 SO_2 浓度或出口排放限值下，脱硫装置的液气比是不同的，随着入口 SO_2 浓度增加和出口 SO_2 排放限值的降低，脱硫系统的液气比均会同步增加。液气比的增加意味着脱硫浆液喷淋量的增加，从而提高吸收塔内气、液两相之间的相对速度，进而增强了气体对喷淋液滴的碰撞破碎作用，导致更多的细小液滴产生，增大细小液滴进入烟气中的几率，从而增加了脱硫出口烟气中 $PM_{2.5}$ 的排放。

不同液气比条件下脱硫出口烟气中 $PM_{2.5}$ 的排放特性如图 5-3 所示。在脱硫系统实际运行过程中，当液气比由 $16L/m^3$ 增加至 $28L/m^3$，脱硫系统出口烟气中 $PM_{2.5}$ 的排放因子由 $0.03kg/MWh$ 增加至 $0.09kg/MWh$。随着液气比增大 1.75 倍，脱硫浆液喷淋量也相应增大 1.75 倍，浆液通过脱硫喷嘴雾化形成更多的脱硫浆液滴。同时可以看出随着液气比的增加，烟气流速也同步增加，浆液和气体间相对运动速度会进一步增大，不仅提高了颗粒物与液滴的碰撞接触概率，也进一步增大了颗粒物与液滴的撞击力，造成更多的细小脱硫浆液滴与烟气接触并通过挟带作用随烟气排放，从而提高了脱硫系统出口 $PM_{2.5}$ 的排放。

（3）雾滴浓度影响。湿法脱硫吸收塔上部会设置除雾器，作用是分离吸收塔内烟气挟带的脱硫浆液滴，防止脱硫浆液滴进入大气中。影响除雾器效果的因素主要有烟气流速和浆液滴粒径，其中烟气流速对雾滴脱除效率影响最大。烟气流速在一定范围内增加时，作用于浆液滴上的分离惯性增大，有利于气液的分离，此时雾滴排放浓度随烟气流速增加而减小，但烟气流速过大时，又会造成气液分离后的雾滴被气体再次挟带，导致除雾效率不升反而急剧下降，出口雾滴浓度快速增大。

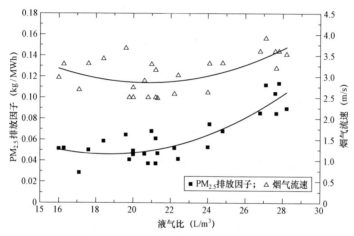

图 5-3　液气比对 PM₂.₅ 排放因子的影响

另外，由于湿法脱硫过程中形成的大量颗粒物粒径小于除雾器可分离颗粒物粒径，这也造成大量颗粒物难以被除雾器拦截。脱硫装置入口颗粒物直径通常在 0.1μm 左右，0.1μm 直径的颗粒物在高湿烟气中可增大到 4μm 直径，而除雾器可去除雾滴粒径通常为 10μm 左右，因此脱硫装置入口颗粒物经过吸湿增长后仍无法完全被除雾器有效脱除。图 5-4 所示为脱硫系统出口雾滴浓度对烟气 PM₂.₅ 排放特性的影响。随着除雾器出口雾滴浓度由 30mg/m³ 增加至 70mg/m³，脱硫净烟气中 PM₂.₅ 排放因子也由 0.03kg/MWh 增加至 0.08kg/MWh，PM₂.₅ 排放因子的增大速率与雾滴浓度的增大速率基本一致，可以得出脱硫系统出口雾滴浓度是 PM₂.₅ 排放的主要影响因素。

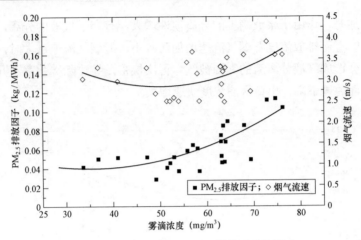

图 5-4　雾滴浓度对 $PM_{2.5}$ 排放因子的影响

（4）pH 值影响。湿法脱硫系统中石灰石的溶解过程就是石灰石固相表面的 Ca^{2+} 和 CO_3^{2-} 透过固、液两相的液固膜向液相中扩散的过程，扩散过程中 Ca^{2+} 会发生水解而增强其溶解速率，这一增强作用，一方面，与浆液 pH 值有关，浆液 pH 值越低，CO_3^{2-} 扩散的水解速率越快；另一方面，与浆液中 H_2SO_3 和 H_2SO_3 的浓度有关，这两种物质能为 CO_3^{2-} 扩散过程提供 H^+，从而促进石灰石水解，提高石灰石的溶解速率。由此可见，浆液 pH 值不仅影响脱硫系统效率，而且对浆液密度和含固量都有极为重要的影响。

如图 5-5 所示，随着浆液 pH 值由 5.2 增加至 5.7 时，脱硫出口烟气中 $PM_{2.5}$ 的排放因子也相应的由 0.03kg/MWh 增加至 0.08kg/MWh，$PM_{2.5}$ 排放因子随着 pH 值的增加而增大。由于较高的浆液 pH 值会降低石灰石的溶解速率，造成浆液中 Ca^{2+} 浓度减小，导致浆液中硫酸钙的过饱和度增加，有利于脱硫浆液中的石膏成核，造成浆液中的石膏粒径减小，因此 pH 值增加时，脱硫喷嘴雾化液滴粒径也会相应减小，浆液滴携带的细颗粒量会有所增加，导致 pH 值增加时脱硫系统出口 $PM_{2.5}$ 排放因子也相应增大。

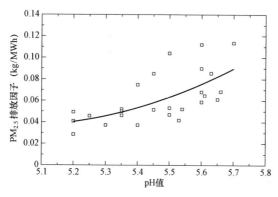

图 5-5　pH 值对 PM_{2.5} 排放因子的影响

96. 湿式静电除尘器脱除 PM_{2.5} 的机理及效果如何？

答：湿式静电除尘器是利用水力清除收尘极板上粉尘的电除尘器，一般布置在脱硫装置后作为燃煤烟气污染物的精处理系统。湿式静电除尘器对 PM_{2.5} 的脱除控制主要体现在三个方面：① 常规静电除尘器对粉尘的脱除控制机理同样适用于湿式静电除尘器，因此部分 PM_{2.5} 同样可以经过荷电收尘后被脱除；② 湿式静电除尘器引入的是湿饱和烟气，同时喷淋水使得收尘极板和电极线之间形成水雾，水蒸气和细颗粒物之间存在均相成核和异相凝结的相互作用，促进 PM_{2.5} 的相变凝并长大，从而有利于颗粒物的脱除；③ 喷淋水在收尘极板上形成稳定的水膜，促进 PM_{2.5} 的捕集，同时避免二次扬尘和反电晕现象的发生，实现了 PM_{2.5} 的高效脱除控制。

图 5-6 为湿式静电除尘器对 PM_{2.5} 的脱除效果。湿式电除尘器入口总尘浓度由 $20mg/m^3$ 增大到 $90mg/m^3$ 时，湿式电除尘器的总尘脱除效率由 85% 左右提高到 90% 以上，出口总尘浓度为 2～$9mg/m^3$；同时当入口总尘浓度控制在 $40mg/m^3$ 以内时，可实现出

口总尘排放浓度小于 5mg/m^3。湿式电除尘器入口 PM$_{2.5}$ 的浓度由 10mg/m^3 增大到 30mg/m^3 时，PM$_{2.5}$ 脱除效率由 80%左右提高到 90%左右，出口 PM$_{2.5}$ 的排放浓度基本控制在小于 3mg/m^3。由此可以看出，采用湿式电除尘器可以有效脱除 PM$_{2.5}$，对细颗粒物具有较高的脱除效率。同时也可以看出，随着入口颗粒物浓度的增大，湿式电除尘器对颗粒物的脱除效率也同步提高，这是由于入口颗粒物浓度越大，其所含的大粒径颗粒物比例越高，粒径越大越有利于湿式除尘器脱除颗粒物。

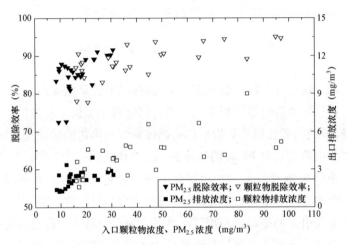

图 5-6　湿式静电除尘器对 PM$_{2.5}$ 的脱除效果

97. 湿式静电除尘器协同脱除 PM$_{2.5}$ 的影响因素有哪些？

答：（1）雾滴影响。湿式除尘器入口雾滴会挟带一定的脱硫浆液，是湿式除尘器入口颗粒物的主要来源之一（脱硫浆液的主要成分为 Ca^{2+} 和 SO$_4^{2-}$）；另外在实际应用的湿式除尘器中，烟气中的颗粒物会被水雾包裹，包裹后的颗粒物会在重力、惯性碰撞、截留、布朗扩散和静电沉降等多重作用下被捕集。因此，湿式除尘器去除雾滴的效果将直接影响颗粒物的脱除。

如图 5−7 所示，湿式除尘器雾滴脱除效率由 60%提高到 85%时，湿式除尘器的颗粒物脱除效率由 85%提高到 95%，PM₂.₅ 的脱除效率由 80%提高到 90%，可以看出随着雾滴脱除效率的提高，颗粒物的脱除效果也相应提高。但同步可以看出湿式除尘器的颗粒物脱除效率较雾滴脱除效率平均高出 17%左右，PM₂.₅ 脱除效率较雾滴脱除效率平均高出 14%左右，这也说明湿式除尘器入口颗粒物还包含了一部分非雾滴挟带的颗粒物。

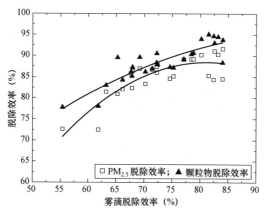

图 5−7　雾滴脱除效率对颗粒物脱除的影响

（2）烟气流速影响。如图 5−8 所示，烟气在湿式除尘器内流动过程中，随着烟气流速的增大，大粒径的颗粒物会被烟气带出湿式除尘器，造成湿式除尘器对较大粒径的颗粒物脱除效率随烟气流速的增大而下降；但从 PM₂.₅ 的脱除效率可以看出，当湿式除尘器内烟气流速小于 2.0m/s 时，湿式除尘器对 PM₂.₅ 的脱除效率随烟气流速的增大而提高，而当烟气流速大于 2.0m/s 时，湿式除尘器对 PM₂.₅ 的脱除效率随烟气流速的增大而降低。同时对湿式除尘器的极板电流密度分布情况进行分析可以看出，湿式除尘器极板电流密度随烟气流速的变化规律与 PM₂.₅ 的脱除效率基本

火电厂非常规污染物控制技术百问百答

保持一致。因此可以说当湿式除尘器内烟气流速在 2.0m/s 左右时，湿式除尘器对 $PM_{2.5}$ 的脱除效率较高。

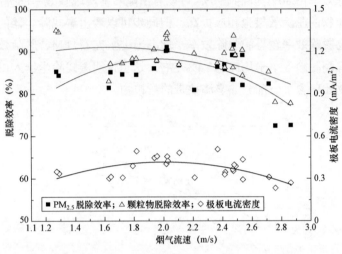

图 5-8 烟气流速的影响分析

136

参 考 文 献

［1］朱法华，李军状. 我国燃煤电厂 SO_3 和可凝结颗粒物控制存在问题与建议［J］. 环境影响评价，2019，41（3）：1-5.

［2］Peter M Walsh, Joseph D Mccain, Kenneth M Cushing. Evaluation and mitigation of visible acidic aerosol plumes from coal fired power boilers［R］. Washington: EPA, 2006.

［3］莫华，朱杰. 燃煤电厂有色烟羽治理要点分析与环境管理［J］. 中国电力，2019，52（3）：10-15.

［4］Zheng Chenghang, Wang Yifan, Liu Yong, et al. Formation, transformation, measurement, and control of SO_3 in coal-fired power plants［J］. Fuel, 2019, 241: 327-346.

［5］唐昊，李文艳，王琦，等. 商用选择性催化还原催化剂 SO_2 氧化率控制研究进展［J］. 化工进展，2017，36（6）：2143-2149.

［6］李高磊，郭沂权，张世博，等. 超低排放燃煤电厂 SO_3 生成及控制的试验研究［J］. 中国电机工程学报，2019，39（4）：1079-1085.

［7］赵海宝，郦建国，何毓忠，等. 低低温电除尘关键技术研究与应用［J］. 中国电力，2014，47（10）：117-121，147.

［8］张知翔，李楠，邹小刚，等. 高硫低温高灰烟气环境中 SO_3 的行为研究［J］. 中国电力，2019，52（3）：23-28.

［9］陆军，刘永强，周飞，等. 高硫煤机组低低温省煤器 SO_3 协同脱除试验研究［J］. 热力发电，2016，45（12）：30-36，55.

［10］胡斌，刘勇，任飞，等. 低低温电除尘协同脱除细颗粒与 SO_3 实验研究［J］. 中国电机工程学报，2016，36（16）：4319-4325.

［11］陈奎续. 电袋复合除尘器协同脱除 Hg 及 SO_3［J］. 环境工程学报，2017，11（11）：5937-5942.

[12] 潘丹萍，吴昊，姜业正，等. 应用水汽相变促进湿法脱硫净烟气中 PM2.5 和 SO_3 酸雾脱除的研究 [J]. 燃料化学学报，2016，44（1）：113－119.

[13] 莫华，朱杰，黄志杰，等. 超低排放下不同湿法脱硫技术脱除 SO_3 效果测试与分析 [J]. 中国电力，2017，50（3）：46－50.

[14] 陈鹏芳，朱庚富，张俊翔. 基于实测的燃煤电厂烟气协同控制技术对 SO_3 去除效果的研究 [J]. 环境污染与防治，2017，39（3）：232－235.

[15] 李皓然，刘含笑，赵琳，等. 湿式电除尘器性能测试方法及排放特征研究 [J]. 中国电力，2018，51（10）：123－129.

[16] 李清毅，胡达清，张军，等. 超低排放脱硫塔和湿式静电对烟气污染物的协同脱除 [J]. 热能动力工程，2017，32（8）：138－143.

[17] 杨用龙，胡姐，王丰吉，等. 湿式电除尘器多污染物协同脱除试验研究 [J]. 发电与空调，2017，38（5）：1－5.

[18] Zhang Yang, Zheng Chenghang, Hu Fushan, et al. Field test of SO_3 removal in ultra-low emission coal-fired power plants [J]. Environmental Science and Pollution Research, 2020, 27(5): 4746－4755.

[19] 高智溥，胡冬，张志刚，等. 碱性吸附剂脱除 SO_3 技术在大型燃煤机组中的应用 [J]. 中国电力，2017，50（7）：102－108.

[20] 陈奎续. 电袋复合除尘器协同脱除 SO_3 和 Hg [J]. 中国电力，2019，52（3）：29－35.

[21] Zhang Yang, Zheng Chenghang, Liu Shaojun, et al. An investigation of SO_3 control routes in ultra-low emission coal-fired power plants [J]. Aerosol and Air Quality Research, 2019, 9(12): 2908－2916.

[22] 李俊华, 杨恂, 常化振, 等. 烟气催化脱硝关键技术研发及应用[M] 北京：科学出版社，2015.

[23] 赵宏，张发捷，马云龙，等. 燃煤电厂 SCR 脱硝氨逃逸迁移规律试验研究 [J]. 中国电力，2021，54（01）：196－202.

[24] 钟洪玲，陈鸥，王洪亮，等. 超低排放下燃煤电厂氨排放特征 [J]. 环

境科学研究，2021，34（01）：124-131.

［25］李军状，杨勇平，朱法华，等. SCR 高脱硝效率燃煤发电机组氨逃逸分布特性实测研究［J］. 中国电机工程学报，2021，41（10）：3447-3453.

［26］李小龙，朱法华，段玖祥，等. 600MW 燃煤机组逃逸氨迁移规律与排放特性［J］. 中国电机工程学报，2021，41（19）：6560-6569.

［27］李超，张杨，朱跃. 燃煤电厂 SCR 烟气脱硝氨逃逸在线监测应用现状分析［J］. 发电与空调，2017，38（5）：41-44.

［28］Muzio L, Bogseth S, Himes R, et al. Ammonium bisulfate formation and reduced load SCR operation［J］. Fuel, 2017, 206: 180-189.

［29］Dong Y, Qu R Y, Song H, et al. New insights into the various decomposition and reactivity behaviors of NH_4HSO_4 with NO on V_2O_5/TiO_2 catalyst surfaces［J］. Chemical Engineering Journal, 2016, 283: 846-854.

［30］唐昊，李慧，杨江毅，等. NH_3-SCR 工艺中硫酸氨盐的生成与分解机理研究进展［J］. 化工进展，2018，37（03）：822-831.

［31］崔宁. 粉煤灰中氨含量对水泥和水泥砂浆性能的影响［J］. 市政技术，2020，38（06）：271-274.

［32］韩荣，李赵相，刘凤东. 谈水泥和混凝土用脱硝粉煤灰中氨的控制［J］. 中国建材，2018，（08）：142-145.

［33］孙少鹏，朱文中，蒋文，等. 燃煤火力发电厂脱硫废水处理技术的研究［J］. 节能与环保，2015，（09）：62-64.

［34］叶春松，操容，高燎. 烟气脱硝逃逸氨的迁移转化及其对脱硫废水处理的影响［J］. 热力发电，2018，47（10）：73-77.

［35］王圣. 燃煤电厂非传统大气污染物控制展望［J］. 中国电力，2018，51（08）：173-179.

［36］裴煜坤. SCR 烟气脱硝系统喷氨混合装置优化研究［D］. 浙江大学，2013.

［37］李志，李凯，宁玉琴. 基于流场动态调平和智能测控技术的脱硝优化 改造研究［J］. 能源与环境，2024，（02）：119－121，134.

［38］刘海啸. 硫酸氢氨造成的空预器堵塞治理对策研究［D］. 华北电力大 学（北京），2017.

［39］北京市环境保护局. DB 11/139—2015 锅炉大气污染物排放标准 ［S］. 2015.

［40］上海市环境保护局. DB 31/933—2015 大气污染物综合排放标准 ［S］. 2015.

［41］PA Method 101A. Determination of particulate and gaseous mercury emissions from sewage sludge incinerators, 40 CFR Part 61, Appendix B, U.S.Government Printing Office, Washington, DC, 2000, 1731－1754.

［42］Prestbo E M , Bloom N S . Mercury speciation adsorption (MESA) method for combustion flue gas: Methodology, artifacts, intercomparison, and atmospheric implications［J］. Water Air & Soil Pollution, 1995.

［43］Cooper J A . Recent advances in sampling and analysis of coal-fired power plant emissions for air toxic compounds［J］. Fuel Processing Technology, 1994, 39(1－3): 251－258.

［44］Lee S H, Rhim Y J, et al. Carbon-based novel sorbent for removing gas-phase mercury［J］. Fuel, 2006, 85(2): 219－226.

［45］Wang Q C, Shen W G, Ma Z G. Estimation of mercury smission from coal combustion in China ［J］. Environ. Sci. Technol, 2000, 34(13): 2711－2713.

［46］Pavlish J H, Holmes M J, Benson S A, et al. Application of sorbents for mercury control for utilities burning lignite coal［J］. Fuel Processing Technology, 2004.85(6－7): 563－576.

［47］Yang H M, Pan W P. Transformation of mercury speciation through the SCR system in power plants［J］Journal of Environmental Sciences, 2007, 19(2): 181－184.

［48］ 李晓航. 循环流化床燃煤机组汞的排放与迁移转化特征［D］. 华北电力大学，2020.

［49］ 何平. 燃煤飞灰与烟气中汞的作用实验与机理研究［D］. 上海交通大学，2017.

［50］ 陈磊. 350MW 超低排放燃煤电厂汞排放特性试验研究［D］. 东南大学，2019.

［51］ 张乐. 燃煤过程汞排放测试及汞排放量估算研究［D］. 浙江大学，2007.

［52］ 董志涛. 超低排放燃煤电厂汞排放特征及排放量估算研究［D］. 浙江大学，2020.

［53］ 熊冬. $MnCl_2$ 改性矿物吸附剂对燃煤烟气中汞脱除研究［D］. 大连理工大学，2015.

［54］ 王家新，孙雪丽，朱法华，等. 中国燃煤电厂烟气汞的减排潜力研究［J］. 中国电机工程学报，2023，43（10）：3875－3884.

［55］ 段钰峰，朱纯. 佘敏，等. 燃煤电厂汞排放与控制技术研究进展［J］. 洁净煤技术，2019，25（2）：1－17.

［56］ 赵毅，聂国欣，贾里杨. 燃煤电厂烟气脱汞技术的研究［J］. 华北电力大学学报（自然科学版），2019，46（02）：103－110.

［57］ Corio L A, Shereell J. In-Stack Condensible Particulate Matter Measurements and Issues［J］. Journal of the Air & Waste Management Association, 2000, 50(2): 207－218.

［58］ Yang H, Lee K, Hsieh Y, et al. Filterable and Condensable Fine Particulate Emissions from Stationary Sources［J］. Aerosol & Air Quality Research, 2014, 14(7): 2010－2016.

［59］ Yang H. Emission Characteristics and Chemical Compositions of both Filterable and Condensable Fine Particulate from Steel Plants［J］. Aerosol and Air Quality Research, 2015, 15(4): 1672－1680.

［60］ 张祝平. 可凝结颗粒物在喷淋降温过程中的转化与脱除机理研究

[D]. 山东大学，2022.

[61] 李敬伟. 燃煤烟气中可凝结颗粒物及典型有机污染物的排放特性实验研究 [D]. 浙江大学，2018.

[62] 胡冬梅. 太原市空气颗粒物中正构烷烃的分布特征和来源解析 [D]. 太原理工大学，2013.

[63] Zheng C, Hong Y, Liu S, et al. Removal and Emission Characteristics of Condensable Particulate Matter in Ultra-low Emission Power Plant [J]. Energy & Fuels, 2018, 32(10): 10586–10594.

[64] 周晨阳. 燃煤烟气可凝结颗粒物中有机污染物排放和分布特性研究 [D]. 浙江大学，2019.

[65] 冯玉鹏. 典型煤种在沉降炉中燃烧可凝结颗粒物排放特性研究 [D]. 山东大学，2020.

[66] Li J, Qi Z, Li M, et al. Physical and chemical characteristics of condensable particulate matter from an ultralow-emission coal-fired power plant [J]. Energy & Fuels, 2017, 31(2): 1778–1785.

[67] 杨林军，史雅娟，骆律源. 燃煤烟气 SCR 脱硝系统中细颗粒物排放特性综述 [J]. 中国电机工程学报，2016，36（16）：4342–4348+4517.

[68] 史雅娟，张玉华，束航，等. SO_2 与 NH_3/NO 对 SCR 脱硝中 $PM_{2.5}$ 排放特性的影响 [J]. 现代化工，2016，36（02）：90–94.

[69] 孙和泰，黄治军，华伟，等. 超低排放燃煤电厂可凝结颗粒物排放特性 [J]. 洁净煤技术，2021，27（05）：218–223.

[70] 杨柳，张斌，王康慧，等. 超低排放路线下燃煤烟气可凝结颗粒物在 WFGD、WESP 中的转化特性[J]. 环境科学，2019，40（01）：121–125.

[71] 张发捷，何川，谢建南，等. 燃煤机组环保设备对可凝结颗粒物协同脱除效果的研究 [J]. 热力发电，2021，50（07）：143–149.

[72] 沈志刚，刘启贞，陶雷行，等. 湿式电除尘器对烟气中颗粒物的去除特性 [J]. 环境工程学报，2016，10（05）：2557–2561.

[73] 潘丹萍，郭彦鹏，黄荣廷，等. 石灰石－石膏法烟气脱硫过程中细颗

粒物形成特性［J］. 化工学报，2015，66（11）：4618－4625.

［74］ 周心澄. 石灰石－石膏法脱硫过程中可溶盐迁移转化特性研究［D］. 东南大学，2018.

［75］ 续鹏，薛志钢，杨巨生，等. 燃煤电厂湿法脱硫对细颗粒物的脱除特性［J］. 环境科学研究，2017，30（05）：784－791.

［76］ 邓建国，王刚，张莹，等. 典型超低排放燃煤电厂可凝结颗粒物特征和成因［J］. 环境科学，2020，41（04）：1589－1593.

［77］ 寿春晖，祁志福，谢尉扬，等. 低低温电除尘器颗粒物脱除特性的工程应用试验研究［J］. 中国电机工程学报，2016，36（16）：4326－4332＋4515.

［78］ 莫华，朱法华，王圣，等. 湿式电除尘器在燃煤电厂的应用及其对$PM_{2.5}$的减排作用［J］. 中国电力，2013，46（11）：62－65.

［79］ 夏祎旻，吴建群，杨松，等. 燃煤电厂污染物脱除设备对$PM_{2.5}$排放影响的研究进展［J］. 煤炭学报，2021，46（11）：3645－3656.

［80］ 赵志锋，燃煤锅炉$PM_{2.5}$产生及排放特征的研究［D］. 哈尔滨工业大学，2018.

［81］ 郝吉明，段雷，易红宏，等. 燃烧源可吸入颗粒物的物理化学特征［M］. 北京：科学出版社，2008.

［82］ 杨传遍，袁竹林，杨林军，等. 袋式除尘器在国电九江电厂的应用及其对$PM_{2.5}$的脱除分析［J］. 电力科技与环保，2014（4）：47－49.

［83］ 温彦平，宋翀芳，成娜，牟玲. 燃煤锅炉烟尘颗粒物中$PM_{2.5}$排放规律研究［J］. 太原理工大学学报，2014，45（6）：712－717.

［84］ 李学军，陈林园，谈紫星. 不同除尘器对细颗粒物脱除性能研究［J］. 江西电力，2019，43（4）：34－38.

［85］ 聂孝峰，李东阳，郭斌. 燃煤电厂电袋复合除尘器技术优势［J］. 电力科技与环保，2013，29（1）：24－27.

［86］ 黄炜. 超净电袋除尘技术的研究与应用［J］. 中国环保产业，2015（7）：27－32.

[87] 黄怡民. 低低温电除尘技术对 $PM_{2.5}$ 及 SO_3 的脱除性能 [J]. 环境工程学报, 2019, 13 (12): 2924-2933.

[88] 鲍静静, 刘杭, 潘京, 等. 石灰石-石膏法脱硫烟气 $PM_{2.5}$ 排放特性 [J]. 热力发电, 2014, 43 (10): 1-7.

[89] 杜振, 王志东, 江建平, 朱跃. 湿法脱硫系统 $PM_{2.5}$ 排放特性分析 [J]. 中国电力, 2021, 54 (6): 153-158.

[90] 杜振, 江建平, 张杨, 等. 超低排放机组湿式电除尘器颗粒物脱除特性分析 [J]. 中国电机工程学报, 2020, 40 (23): 7675-7682.

[91] 江建平. 细颗粒物脉冲荷电机理及凝并脱除方法研究 [D]. 浙江大学, 2015.

[92] 骆仲泱, 江建平, 赵磊, 等. 不同电场中细颗粒物的荷电特性研究 [J]. 中国电机工程学报, 2014, 34 (23): 3959-3969.